Faten Labassi

Actions de groupes sur les variétés et les CW-Complexes

Faten Labassi

Actions de groupes sur les variétés et les CW-Complexes

Éditions universitaires européennes

Impressum / Mentions légales
Bibliografische Information der Deutschen Nationalbibliothek: Die Deutsche Nationalbibliothek verzeichnet diese Publikation in der Deutschen Nationalbibliografie; detaillierte bibliografische Daten sind im Internet über http://dnb.d-nb.de abrufbar.

Information bibliographique publiée par la Deutsche Nationalbibliothek: La Deutsche Nationalbibliothek inscrit cette publication à la Deutsche Nationalbibliografie; des données bibliographiques détaillées sont disponibles sur internet à l'adresse http://dnb.d-nb.de.

Coverbild / Photo de couverture: www.ingimage.com

Verlag / Editeur:
Éditions universitaires européennes
ist ein Imprint der / est une marque déposée de
OmniScriptum GmbH & Co. KG
Heinrich-Böcking-Str. 6-8, 66121 Saarbrücken, Deutschland / Allemagne
Email: info@editions-ue.com

Herstellung: siehe letzte Seite /
Impression: voir la dernière page
ISBN: 978-3-8417-4443-2

Introduction

Dans ce travail, on étudie les actions de groupes sur les variétés fermées et les CW-complexes finis. On s'intéresse particulièrement aux 2-groupes abéliens élémentaires, c.-à -d. les groupes isomorphes à $(\mathbb{Z}/2\mathbb{Z})^k$, $k \in \mathbb{N}$, et à différents types d'actions à savoir :

- Les actions sans points fixes sur les variétés fermées.
- Les actions avec points fixes sur les variétés fermées.
- Les actions libres sur les CW-complexes finis.

Ce mémoire est composé de trois chapitres :

1. Le premier chapitre réunit les rappels et compléments nécessaires pour la lecture de ce travail. On y trouve :
   - Un bref rappel sur les variétés.
   - Une introduction à la notion de fibrés ; les fibrés vectoriels constituent la majeure partie de cette section. On aborde essentiellement le problème de la classification des fibrés (vectoriels) et quelques propriétés cohomologiques.
   - Un rappel sur les actions de groupes et les propriétés qui en découlent :

     • L'action d'un groupe G sur une variété différentielle compacte et quelques conséquences, par exemple les G-voisinages tubulaires, l'ensemble des points fixes de l'action,...
     Dans ce paragraphe est démontré un théorème important :

     Si** G **est un groupe fini de difféomorphismes qui opère sur une variété différentielle fermée** M**, alors l'ensemble de ses points fixes est une sous-variété de** M**.

     • L'action d'un groupe G sur un CW-complexe fini et certaines applications, notamment la cohomologie équivariante et la suite exacte courte de Gysin.
2. Dans le second chapitre sont définis les différents groupes de bordisme : Les groupes de bordisme de Thom, les groupes de bordisme singuliers, et les groupes de bordisme équivariants. Ces derniers concernent les variétés fermées sur lesquelles existe une action libre d'un groupe fini de difféomorphismes. On donne en particulier quelques propriétés du groupe $\mathfrak{N}_*(\mathbb{Z}/2\mathbb{Z})$ du bordisme équivariant associé à l'action libre d'une involution.
3. Le dernier chapitre, comme son titre l'indique, réunit les résultats principaux de ce mémoire concernant les actions du groupe $(\mathbb{Z}/2\mathbb{Z})^k$ sur les variétés fermées et les CW-complexes finis. Il se divise à son tour en trois paragraphes :
   - Un résultat concerne les actions sans points fixes du groupe $(\mathbb{Z}/2\mathbb{Z})^k$ sur une variété différentielle fermée, à savoir :

     Si** $(\mathbb{Z}/2\mathbb{Z})^k$ **agit sans points fixes sur une variété fermée alors celle-ci est une variété bord.

- Un second résultat sur les actions avec points fixes du groupe $(\mathbb{Z}/2\mathbb{Z})^k$ sur une variété fermée de dimension strictement positive :

  Si** $(\mathbb{Z}/2\mathbb{Z})^k$ **opère sur une variété fermée** M^m, $m > 0$, **alors l'ensemble de ses points fixes ne peut pas être réduit à un seul point.

- Dans la troisième section, on s'intéresse aux actions libres du groupe $(\mathbb{Z}/2\mathbb{Z})^k$ sur un CW-complexe fini.

  Plus précisément, on a démontré les résultats suivants :

  a. Une action libre du groupe $\mathbb{Z}/2\mathbb{Z}$ sur la sphère S^n ne se prolonge pas en une action libre, i.e. :

  ***Le groupe** $(\mathbb{Z}/2\mathbb{Z})^2$ **n'opère pas librement sur la sphère** S^n.*

  b. Une action libre du groupe $(\mathbb{Z}/2\mathbb{Z})^2$ sur le produit de deux sphères $S^{n_1} \times S^{n_2}$ ne se prolonge pas en une action libre, c.-à-d. :

  ***Le groupe** $(\mathbb{Z}/2\mathbb{Z})^3$ **n'opère pas librement sur** $S^{n_1} \times S^{n_2}$.*

Les deux derniers résultats sont des cas particuliers d'une conjecture posée par Smith vers les années 40 :

Conjecture des sphères. ***Le groupe** $(\mathbb{Z}/2\mathbb{Z})^p$ **n'opère pas librement sur** $S^{n_1} \times S^{n_2} \times \cdots \times S^{n_k}$ **pour** $p > k$.*

Notation. *Remarquons que dans ce mémoire on notera le groupe $\mathbb{Z}/2\mathbb{Z}$ par $\mathbb{Z}_2$.*

Table des matières

Chapitre 1

Rappels et Compléments.

1.1 Rappels sur les variétés.

Définition 1.1.1

- Soit M^m un espace topologique paracompact [1]. On dit que M^m est une variété topologique de dimension m si tout point de M^m possède un voisinage homéomorphe à un ouvert de $\mathbb{H}^m$, où $\mathbb{H}^m = \{(x^1, x^2, \ldots, x^m) \in \mathbb{R}^m \ ; \ x^1 \geq 0\}$.
- Une carte topologique de la variété M^m est un couple (O, ϕ) formé d'un ouvert O de M^m et d'un homéomorphisme de O sur un ouvert de $\mathbb{H}^m$.

Intérieur et bord d'une variété topologique.

- L'intérieur de la variété M^m est l'ensemble des points de M^m ayant un voisinage homéomorphe à un ouvert de $\mathbb{R}^m$. On le notera $int(M^m)$.
- Posons $\partial M^m = M^m \setminus int(M^m)$. Si $\partial M^m \neq \emptyset$, alors la variété M^m est dite à bord et ∂M^m est appelé le bord de M^m. Elle est dite sans bord sinon.

Exemple 1.1.2 Le demi-espace $\mathbb{H}^m$ est une variété topologique à bord. Son bord $\partial\mathbb{H}^m$ est l'hyperplan $\{0\} \times \mathbb{R}^{m-1}$

$$\partial\mathbb{H}^m = \{(x^1, x^2, \ldots, x^m) \in \mathbb{R}^m ; x^1 = 0\}$$

Remarque 1.1.3 De façon plus générale, si M^m est une variété topologique à bord de dimension m et (O, ϕ) une carte de M^m alors

$$\phi(\partial M^m \cap O) = \partial\mathbb{H}^m \cap \phi(O)$$

Il s'ensuit que si M^m est une variété topologique à bord de dimension m, alors, muni de la topologie induite, le bord ∂M^m est une variété topologique sans bord de dimension $m - 1$.

1. Un espace topologique X est dit paracompact s'il est séparé et si tout recouvrement ouvert de X admet un recouvrement ouvert plus fin et localement fini.

Exemple 1.1.4 Comme $\mathbb{H}^m \times \mathbb{H}^n$ est homéomorphe à $\mathbb{H}^{m+n}$, alors le produit de deux variétés topologiques M^m et N^n est une variété topologique dont le bord est $\partial(M^m \times N^n) = (\partial M^m) \times N^n \cup M^m \times (\partial N^n)$.

Remarques 1.1.5

1. Vu que M^m est localement homéomorphe à $\mathbb{R}^m$ ou $\mathbb{H}^m$, alors M^m est localement compacte et localement connexe par arcs.
2. Puisque M^m est paracompacte, alors si F_0 et F_1 sont deux fermés disjoints de M^m, il existe une fonction f, continue sur M^m, telle que

$$0 \leq f \leq 1 \text{ sur } M^m \quad , \quad f = 1 \text{ sur } F_0 \text{ et } f = 0 \text{ sur } F_1$$

Définition 1.1.6

- Soit M^m une variété topologique. Deux cartes (O, ϕ) et (V, ψ) sont dites compatibles si l'application

$$\phi \circ \psi^{-1}_{|O \cap V} : \psi(O \cap V) \longrightarrow \phi(O \cap V)$$

est différentiable (de classe C^∞).

- Un atlas différentiable $\mathfrak{A} = \{(O_i, \phi_i)\}_{i \in I}$ est un ensemble de cartes deux à deux compatibles et qui recouvrent M^m.

- Une variété différentielle est la donnée d'une variété topologique sur M^m et d'un atlas différentiable.

Applications différentiables.

Soit M^m et N^n deux variétés différentielles et f une application continue de M^m dans N^n. L'application f est différentiable si, pour tout x dans M^m, il existe des cartes (O, ϕ) dans M^m et (V, ψ) dans N^n ($f(O) \subset V$), autour de x et $f(x)$ respectivement, telles que l'application

$$\psi \circ f \circ \phi^{-1} : \phi(O) \longrightarrow \psi(V)$$

est différentiable.

Notations. On notera

$$C^\infty(M^m) = \{f : M^m \longrightarrow \mathbb{R}, f \text{ est de classe } C^\infty\}$$

Cet ensemble est naturellement une $\mathbb{R}$-algèbre.

Partition de l'unité.

Soit M^m une variété différentielle et $\{O_i\}$ un recouvrement de M^m. Il existe alors une partition de l'unité $(\psi_j)_j$ subordonnée au recouvrement $\{O_i\}$: les ψ_j sont des fonctions dans $C^\infty(M^m)$ telles que

1. $0 \leq \psi_i(x) \leq 1$ pour tout x dans M^m.
2. Pour tout j, il existe i tel que $Supp\ \psi_j \subset O_i$.
3. La famille $\{Supp\ \psi_j\}$ est localement finie et $\sum_j \psi_j(x) = 1$ pour tout x dans M^m.

Espace tangent.

Soit M^m une variété différentielle de dimension m et $f, g \in C^\infty(M^m)$.
Un vecteur tangent à M^m en x est une forme linéaire de $C^\infty(M^m)^*$ vérifiant la dérivation de Leibnitz

$$v(fg) = f(x)v(g) + g(x)v(f)$$

L'ensemble des vecteurs tangents à M^m en x est un sous-espace vectoriel de $C^\infty(M^m)^*$, noté T_xM^m, et la formule de Taylor montre qu'on a l'égalité suivante

$$dim\ T_xM^m = dim\ M^m$$

Soit $f : M \longrightarrow N$ une application différentiable. Elle induit une application linéaire

$$f^* : C^\infty(N) \longrightarrow C^\infty(M) \ ; \ h \mapsto h \circ f$$

qui induit à son tour

$$^t f^* : C^\infty(M)^* \longrightarrow C^\infty(N)^*$$

Cette dernière définit une application linéaire $f'(x) : T_xM \longrightarrow T_{f(x)}N$ qui est la dérivée de l'application f au point x et on a

$$v(fg)(x) = f(x)g'(x).v + g(x)f'(x).v$$

Quelques applications différentiables particulières.

Soit f une application différentiable de M_1 dans M_2 et $x \in M_1$. Considérons l'application

$$f'(x) : T_xM_1 \longrightarrow T_{f(x)}M_2$$

où x est un point de M_1. Si cette application est injective (resp.surjective) alors l'application f est appelée immersion en x (resp. submersion en x).
On dit que f est une immersion (resp. submersion) si c'est une immersion (resp. submersion) en tout point de M_1.
En particulier, si $f'(x)$ est un isomorphisme en tout point de M_1, alors f est un difféomorphisme local.

Sous-variétés différentielles-plongements.

Définition 1.1.7 Soit M^m une variété différentielle de dimension m et X une partie de M^m. On dit que X est une sous-variété différentielle de M^m si, pour tout x dans X, il existe une carte différentiable (O, ϕ) de M^m autour de x telle que

$$\phi(O \cap X) = \phi(O) \cap \mathbb{R}^n \text{ ou } \phi(O \cap X) = \phi(O) \cap \mathbb{H}^n$$

pour $n \leq m$. On dit alors que (O, ϕ) est une carte adaptée à X.

Conséquences. La famille $\{(O_i \cap X, \phi_{i|O_i \cap X})\}$ provenant de cartes différentielles de M^m adaptées à X constituent un atlas différentiable de X, qui est induit par celui de M^m. On a en particulier qu'une sous-variété différentielle est une variété différentielle.

Exemple 1.1.8 Si M^m est une variété différentielle à bord, alors ∂M^m est une sous-variété différentielle de dimension $m - 1$, car si (O, ϕ) est une carte de M^m, alors $(\partial O, \phi_{|\partial O})$ est une carte adaptée à ∂M^m.

Définition 1.1.9 Soit $f : M^m \longrightarrow N^n$ une application de classe C^∞.
On dit que f est un C^∞-plongement si f est une immersion de classe C^∞ et f réalise un homéomorphisme de M^m sur son image.

Exemple 1.1.10 Soit M^m une variété différentielle sans bord, et N^n une sous-variété de M^m. L'injection $i : N^n \hookrightarrow M^m$ est un C^∞-plongement.

L'importance des plongements réside dans le théorème suivant

> **Théorème 1.1.11** *Soit N^n une variété différentielle sans bord, et $f : M^m \longrightarrow N^n$ $(m \leq n)$ un plongement de classe C^∞.*
>
> *L'ensemble $f(M^m)$ est une sous-variété différentielle de N^n difféomorphe à M^m.*
>
> **Proposition 1.1.12** *Toute variété différentielle compacte M^m de dimension m peut être plongée dans $\mathbb{R}^{m+k}$, pour k assez grand.*

1.2 Fibrés.

Définition 1.2.1

Soit E et B deux espaces topologiques.
Un "coordinate bundle" est un 5-uplet (E, p, B, F, G) tel que :

1. (E, p, B) est un espace fibré de fibre un espace topologique F.
2. G est un groupe topologique qui opère sur F, appelé groupe structural de la fibre F.

3. Une famille $\{(V_j, \phi_j)\}$ où $(V_j)_{j\in J}$ sont des ouverts recouvrant B et les $(\phi_j)_{j\in J}$ sont des homéomorphismes de $V_j \times F \longrightarrow p^{-1}(V_j)$ tels que

$$p \circ \phi_j(x, y) = x$$

pour x et y dans V_j et F respectivement.

4. Posons

$$\phi_{j,x} : F \longrightarrow p^{-1}(x) \quad ; \quad \phi_{j,x}(y) = \phi_j(x, y)$$

Alors, pour tous i, j dans J et x dans $V_i \cap V_j$, l'homéomorphisme

$$g_{ji}(x) = \phi_{j,x}^{-1} \circ \phi_{i,x} : F \longrightarrow F$$

coïncide avec l'action d'un élément de G. Nous demanderons en plus que les applications

$$g_{ij} : V_i \cap V_j \longrightarrow G$$

soient continues.

Remarques 1.2.2

1. Les applications g_{ij} sont appelées les fonctions de recollement [2] associées au "coordinate bundle". Elles sont déterminées de manière unique si l'action du groupe G est supposée fidèle, ce qui sera le cas.

Soit (V_i, ϕ_i) et (V_j, ϕ_j) deux cartes de B telles que $V_i \cap V_j \neq \emptyset$, et $x \in V_i \cap V_j$. Les fonctions de recollement relient les applications ϕ_i et ϕ_j

$$\phi_j(x, y) = \phi_i(x, g_{ij}(x).y)$$

En effet, si u est un élément dans $F_x = p^{-1}(x)$, alors cet élément est représenté dans la fibre F par deux autres

$$\phi_i^{-1}(u) = (x, y_i) \quad \text{et} \quad \phi_j^{-1}(u) = (x, y_j)$$

L'égalité précédente se résume à la relation entre y_i et y_j :

$$y_i = g_{ij}(x).y_j$$

2. Les fonctions de recollement vérifient

$$g_{kj}(x)g_{ji}(x) = g_{ki}(x)$$

pour tous i, j, k dans J et x dans $V_i \cap V_j \cap V_k$. Ce qui implique que

$$g_{ii}(x) = e \quad \text{si} \quad x \in V_i \quad \text{et} \quad [g_{kj}(x)]^{-1} = g_{jk}(x) \quad \text{si} \quad x \in V_j \cap V_k$$

2. Dans certaines références ces fonctions sont appelées les fonctions de transitions.

3. Si toutes les fonctions de recollement sont égales à l'identité, alors le "coordinate bundle" est trivial.

On munit la classe des "coordinate bundles" qui sont définis par (E, p, B, F, G) d'une relation d'équivalence :
Deux coordinate bundles $\mathfrak{B} = (E, p, B, F, G, (V_i, \phi_i))$ et $\mathfrak{B}' = (E, q, B, F, G, (V'_k, \phi'_k))$ sont dits équivalents si $(E, p, B, F, G, \{(V_i, \phi_i)\} \cup \{(V'_k, \phi'_k)\})$ est un "coordinate bundle".
Les classes d'équivalence sont appelées fibrés.

Exemple 1.2.3

La bande de Moebius compacte : Son espace total est obtenu à partir de $[0, 1] \times [-1, 1]$ par l'identification $(0, t) \sim (1, -t)$. L'espace de base est alors le cercle S^1, la fibre est le segment $[-1, 1]$ et le groupe structural est $\mathbb{Z}_2$.

Définition 1.2.4 Soit $\mathfrak{B} = (E, p, B, F, G)$ un fibré.
Le fibré $\mathfrak{B}$ est dit principal si $F = G$ et G agit sur F par translations à gauche.

Exemples 1.2.5

1. Le 4-uplet $(S^n, p, \mathbb{R}P^n, \mathbb{Z}_2)$ est un fibré principal de fibre $\mathbb{Z}_2$.
2. $G = \mathbb{Z}_m$: le groupe $\mathbb{Z}_m$, avec m premier, opère librement sur la sphère S^{2n+1}
$$k.(z_0, z_1, \ldots, z_n) = (e^{\frac{2ik\pi}{m}} z_0, e^{\frac{2ik\pi}{m}} z_1, \ldots, e^{\frac{2ik\pi}{m}} z_n)$$
pour tout $k \in \mathbb{Z}_m$. L'espace quotient est l'espace lenticulaire $L_m^{2n+1} = S^{2n+1}/\mathbb{Z}_m$ et le 4-uplet $(S^{2n+1}, p, L_m^{2n+1}, \mathbb{Z}_m)$ est un fibré.
3. Si G est un groupe proprement discontinu sans points fixes opérant sur une variété différentielle M^m et $p : M^m \longrightarrow M^m/G$ est la projection, alors $(M^m, p, M^m/G, G)$ est un fibré.

Définition 1.2.6 Lorsque EG est un espace contractile sur lequel un groupe G agit librement[3] alors l'espace quotient $BG = EG/G$ est appelé un espace classifiant du groupe G.

Remarques 1.2.7

1. Vu que l'action de G est libre, alors le fibré $\pi : EG \longrightarrow BG$ est de fibre le groupe G (pour tout x dans BG, $\pi^{-1}(x) = G.x$ est homéomorphe au groupe G), et (EG, π, BG, G, G) est un fibré principal.
2. L'espace BG est unique à une équivalence d'homotopie près[4].

3. L'existence de tels espaces pour tout groupe G est donnée par la construction de Milnor.
4. Voir la section Cohomologie équivariante, Théorème 1.4.2.4.

Exemples 1.2.8

Comme S^∞ est contractile, alors :

- $\mathbb{R}P^\infty = B\mathbb{Z}_2$ est un espace classifiant du groupe $\mathbb{Z}_2$.
- $BS^1 = S^\infty/S^1 = lim_{n\mapsto+\infty} S^{2n+1}/S^1 = \mathbb{C}P^\infty$ est un espace classifiant du groupe S^1.
- $B\mathbb{Z}_m = L_m^\infty$ est un espace classifiant du groupe $\mathbb{Z}_m$.

Remarques 1.2.9

1. Si H est un sous-groupe de G alors $BH \overset{eq.h}{\cong} EG/H$, ce qui donne en particulier une application $BH \longrightarrow BG$ dont la fibre est G/H.
2. Soit $G = G_1 \times G_2$. On a alors

$$EG = EG_1 \times EG_2 \quad \text{et} \quad BG = BG_1 \times BG_2$$

Exemple 1.2.10 Un espace classifiant du groupe $\mathbb{Z}_2^k$ est $B\mathbb{Z}_2 \times \cdots \times B\mathbb{Z}_2 = \mathbb{R}P^\infty \times \cdots \times \mathbb{R}P^\infty$ (k-fois).

On s'intéressera dans la section suivante à l'étude d'un exemple très important des fibrés, à savoir les fibrés vectoriels.

1.3 Fibrés Vectoriels.

Définition 1.3.1 Soit E et B deux espaces topologiques.

On appelle fibré vectoriel réel tout triplet $\xi = (E, p, B)$ qui vérifie les propriétés suivantes :

1. L'application $p : E \longrightarrow B$ est continue.
2. Pour tout $b \in B$, $p^{-1}(b)$ est un $\mathbb{R}$-espace vectoriel de dimension finie.
3. *Trivialisation locale* : Pour tout $b \in B$, il existe un voisinage $U \subset B$ contenant b, un entier $n \geq 0$, et un homéomorphisme

$$h \; : \; U \times \mathbb{R}^n \longrightarrow p^{-1}(U)$$

tel que, pour tout b dans B, l'application partielle

$$h_b \; : \; \mathbb{R}^n \longrightarrow p^{-1}(b) \;\; ; \;\; v \mapsto h(b, v)$$

est un isomorphisme d'espaces vectoriels.

Vocabulaire et notations.

- L'application p est appelée projection. Elle est ouverte car elle vérifie $p \circ h(b, v) = b$.
- L'espace E, noté $E(\xi)$, est appelé l'espace total et $B = B(\xi)$ est l'espace de base du fibré.

- L'espace vectoriel $p^{-1}(b)$, $b \in B$ est appelé la fibre au dessus de B, et sera noté $F_b(\xi)$ ou simplement F_b s'il n'y a pas lieu de confusion. Noter que la fibre F_b n'est jamais vide, mais peut être réduite à un singleton.
- Le couple (U, h) est appelé système de coordonnées locales pour ξ.
- L'application dim qui, pour tout b dans B associe la dimension de $F_b(\xi)$, est localement constante, elle est donc constante sur chaque composante connexe de B.
  On peut supposer que cette application est constante et vaut n, et dans ce cas, pour tout b dans $B, p^{-1}(b)$ est isomorphe à $\mathbb{R}^n$. Le fibré est alors dit de dimension n (ou n-fibré vectoriel).

Remarque 1.3.2 On peut définir aussi les fibrés vectoriels différentiables en imposant la différentiabilité des applications et en prenant E et B des variétés différentielles.

Exemples 1.3.3

1. Un fibré vectoriel trivial ε^n [5] de dimension n est donné par
$$\varepsilon^n = (M^m \times \mathbb{R}^n, p, M^m)$$
avec $p(x, y) = x$.
2. ***Le fibré tangent.*** Soit M^m une variété différentielle de dimension m. On définit le fibré tangent $\tau_{M^m} = (E(\tau_{M^m}), p, M^m)$ par
$$E(\tau_{M^m}) = \bigcup_{x \in M^m} T_x M^m$$
où $T_x M^m$ est l'espace tangent à M^m en x. La projection p est donnée par $p(x, v) = x$ pour tout $(x, v) \in E(\tau_{M^m})$. La condition de trivialisation locale est vérifiée : Si (O, ϕ) est une carte de M^m alors l'application
$$h : O \times \mathbb{R}^m \longrightarrow p^{-1}(O) \quad ; \quad (x, v) \mapsto (x, \phi'^{-1}(x).v)$$
est bijective. On peut supposer que c'est un difféomorphisme. On obtient un système de coordonnées locales. L'application réciproque est donnée par
$$h^{-1} : p^{-1}(O) \longrightarrow O \times \mathbb{R}^m \quad ; \quad (x, v) \mapsto (x, \phi'(x).v)$$
3. Soit E l'espace quotient de $[0, 1] \times \mathbb{R}$ par la relation $(0, t) \sim (1, -t)$. La projection $[0, 1] \times \mathbb{R} \longrightarrow [0, 1]$ induit une application $p : E \longrightarrow S^1$, et le triplet (E, p, S^1) est un fibré vectoriel de dimension 1.
   Parce que l'espace total E est homéomorphe à une bande de Moebius ouverte, ce fibré est appelé fibré de Moebius.

5. Le fibré trivial de dimension n sera toujours noté par ε^n.

4. Soit E le sous-espace de $\mathbb{R}P^n \times \mathbb{R}^{n+1}$ l'espace des éléments de la forme $(\{\pm\, x\}, v)$ où v est un vecteur colinéaire à x.
   Soit
   $$p : E \longrightarrow \mathbb{R}P^n \;\; ; \;\; (\{\pm\, x\}, v) \mapsto \{\pm\, x\}$$
   La fibre $p^{-1}(\{\pm\, x\})$ s'identifie à la droite passant par $\{\pm\, x\}$ et le triplet $\gamma_n^1 = (E, p, \mathbb{R}P^n)$ est un fibré vectoriel de dimension 1.
   Cas du fibré γ_1^1 : L'espace de base de γ_1^1 est $\mathbb{R}P^1 = S^1$, et on peut écrire chaque élément de $E(\gamma_1^1)$ comme suit
   $$(\{\pm\, x\}, v) = (\{\pm(cos\theta, sin\theta)\}, t(cos\theta, sin\theta))$$
   avec θ et t qui parcourent $[0, \pi]$ et $\mathbb{R}$ respectivement. Chaque élément $(\{\pm\, x\}, v)$ est représenté de façon unique à part les éléments $(\{\pm(cos0, sin0)\}, t(cos0, sin0))$ qui sont égaux à $(\{\pm(cos\pi, sin\pi)\}, -t(cos\pi, sin\pi))$. Il s'ensuit que γ_1^1 est un fibré de Moebius.

1.3.1 Applications entre fibrés vectoriels.

Considérons deux fibrés vectoriels ξ_1 et ξ_2.

Définition 1.3.1.1

1. Une application continue $f : E(\xi_1) \longrightarrow E(\xi_2)$ est appelée application de fibrés vectoriels si
   $$f_{|F_b(\xi_1)} : F_b(\xi_1) \longrightarrow F_{b'}(\xi_2)$$
   est un isomorphisme d'espaces vectoriels.
   L'application $\bar{f} : B(\xi_1) \longrightarrow B(\xi_2)$; $b \mapsto b'$ est alors continue.
   On notera toujours par $\bar{f}$ l'application induite sur les espaces de base.
2. Lorsque $B(\xi_1) = B(\xi_2) = B$, les fibrés ξ_1 et ξ_2 sont dits isomorphes, si $\bar{f} = id_B$ et si f est un homéomorphisme.

Exemple 1.3.1.2 L'application linéaire tangente associée à une application différentiable $f : M_1^m \longrightarrow M_2^m$ est l'application $Tf : \tau_{M_1^m} \longrightarrow \tau_{M_2^m}$ définie par
$$Tf(v) = f'(x).v \;\; , \;\; v \in T_x M_1^m \; , \; x \in M_1^m$$
Il est clair que si f est une immersion, alors Tf est une application de fibrés vectoriels.

Remarques 1.3.1.3

1. Si f est une application continue entre deux fibrés vectoriels ξ_1 et ξ_2 de même base telle que $\bar{f} = id_B$ et induisant un isomorphisme pour chaque $F_b(\xi_1)$ sur $F_b(\xi_2)$, alors f est un homéomorphisme.
2. Un fibré vectoriel de dimension n est dit trivial s'il est isomorphe au fibré trivial ε^n.

Définition 1.3.1.4 *Homotopies entre fibrés vectoriels.*

Deux applications $f, g : E(\xi) \longrightarrow E(\eta)$ sont dites homotopes au sens des fibrés s'il existe une famille d'applications de fibrés vectoriels

$$h_t : E(\xi) \longrightarrow E(\eta) \quad , \quad t \in [0,1]$$

avec $h_0 = f$ et $h_1 = g$ et tel que l'application induite

$$h : E(\xi) \times [0,1] \longrightarrow E(\eta)$$

est continue.

1.3.2 Un exemple fondamental. Le fibré universel γ^n.

Soit $v^n = (v_1, \ldots, v_n)$ un système de n vecteurs de $\mathbb{R}^{n+k}$ linéairement indépendants. Notons

$$V_n(\mathbb{R}^{n+k}) = \{v^n = (v_1, \ldots, v_n) \ ; \ (v_i)_i \text{ indépendants } \}$$

C'est un ouvert du produit cartésien $\mathbb{R}^{n+k} \times \cdots \times \mathbb{R}^{n+k}$ appelé la variété de Stiefel.

Considérons la relation d'équivalence sur $V_n(\mathbb{R}^{n+k})$

$$(v_1, \ldots, v_n) \sim (v'_1, \ldots, v'_n) \Leftrightarrow < v_1, \ldots, v_n > = < v'_1, \ldots, v'_n >$$

L'espace quotient $V_n(\mathbb{R}^{n+k})/ \sim = G_n(\mathbb{R}^{n+k})$, qu'on munit de la topologie quotient, est appelé la grassmanienne.

On sait que $G_n(\mathbb{R}^{n+k})$ est une variété différentielle compacte de dimension nk et que l'application

$$G_n(\mathbb{R}^{n+k}) \longrightarrow G_k(\mathbb{R}^{n+k}) \quad ; \quad X \mapsto X^\perp$$

est un difféomorphisme.

On définit une structure fibrée au dessus de l'espace $G_n(\mathbb{R}^{n+k})$ comme suit : L'espace total E est donné par

$$E = \cup_{\{X\} \in G_n(\mathbb{R}^{n+k})} \{X\} \times X \subset G_n(\mathbb{R}^{n+k}) \times \mathbb{R}^{n+k}$$

On munit E de la topologie induite par le produit cartésien $G_n(\mathbb{R}^{n+k}) \times \mathbb{R}^{n+k}$. La projection $p : E \longrightarrow G_n(\mathbb{R}^{n+k})$ est définie par $p(\{X\}, v) = \{X\}$, et la fibre $p^{-1}(\{X\})$ admet une structure d'espace vectoriel

$$\lambda_1(\{X\}, v_1) + \lambda_2(\{X\}, v_2) = (\{X\}, \lambda_1 v_1 + \lambda_2 v_2)$$

Proposition 1.3.2.1 $\gamma^n(\mathbb{R}^{n+k}) = (E, p, G_n(\mathbb{R}^{n+k}))$ *est un fibré vectoriel.*

Preuve.

Il reste à vérifier la condition de trivialisation locale.

Soit $\{X_0\} \in G_n(\mathbb{R}^{n+k})$. Décomposons $\mathbb{R}^{n+k} \simeq X_0 \oplus X_0^\perp$.
Soit $U_{\{X_0\}}$ l'ensemble de tous les supplémentaires de $X_0^\perp$ dans $\mathbb{R}^{n+k}$ et $T : U_{\{X_0\}} \longrightarrow L(X_0, X_0^\perp)$ l'application qui à Y dans $U_{\{X_0\}}$ associe l'application linéaire $T_Y : X_0 \longrightarrow X_0^\perp$ dont le graphe est l'espace vectoriel Y.
On rappelle que le couple $(U_{\{X_0\}}, T)$ est une carte différentielle de la variété différentielle $G_n(\mathbb{R}^{n+k})$.
Les applications

$$\begin{array}{rccc} h: & U_{\{X_0\}} \times X_0 & \longrightarrow & p^{-1}(U_{\{X_0\}}) \\ & (\{Y\}, v) & \mapsto & (\{Y\}, v + T_Y(v)) \end{array}$$

et

$$\begin{array}{rccc} h^{-1}: & p^{-1}(U_{\{X_0\}}) & \longrightarrow & U_{\{X_0\}} \times X_0 \\ & (\{Y\}, v) & \mapsto & (\{Y\}, v - T_Y(v)) \end{array}$$

sont alors continues, et le fibré $\gamma^n(\mathbb{R}^{n+k})$ est localement trivial.

Remarque 1.3.2.2 Notons que $G_1(\mathbb{R}^{n+1}) = \mathbb{R}P^n$ et que le fibré $\gamma^1(\mathbb{R}^{n+1})$ n'est autre que le fibré γ_n^1.

> **Théorème 1.3.2.3** *Soit ξ un fibré vectoriel de dimension n au dessus d'un espace compact B. Il existe une application de fibrés vectoriels*
>
> $$f : \xi \longrightarrow \gamma^n(\mathbb{R}^{n+k})$$
>
> *pour k assez grand.*

Preuve.

Soit $\{U_i\}_{1 \leq i \leq p}$ un recouvrement fini de B tel que $\xi_{|U_i}$ est trivial. Nous nous proposons de construire une application $\widetilde{f} : E(\xi) \longrightarrow \mathbb{R}^{pn}$ qui est linéaire et injective sur chaque fibre, ce qui nous donnera que, pour tout $b \in B$, $\widetilde{f}_{|F_b(\xi)}(F_b(\xi))$ est un espace vectoriel de dimension n de $\mathbb{R}^{n+k}$.
Les systèmes de coordonnées locales (U_i, h_i) impliquent qu'on a une application

$$g_i : p^{-1}(U_i) \longrightarrow \mathbb{R}^n \quad ; \quad (x, v) \mapsto h_{i,x}^{-1}(v)$$

qui est continue, et est un isomorphisme sur chaque fibre.
L'espace B étant normal[6], on peut trouver des recouvrements ouverts $\{V_i\}_i$ et $\{W_i\}_i$ tels que

$$\overline{W}_i \subset V_i \subset \overline{V}_i \subset U_i$$

et considérer des fonctions continues $\lambda_i : B \longrightarrow [0, 1]$ telles que

6. Un espace est dit normal s'il est séparé et pour tous fermés disjoints A et B, il existe deux ouverts disjoints U et V tels que $A \subset U$, $B \subset V$.

$$\lambda_i(x) = 0 \text{ si } x \in U_i^c \text{ et } \lambda_i(x) = 1 \text{ si } x \in W_i$$

On définit alors l'application

$$\widetilde{f} : E(\xi) \longrightarrow \mathbb{R}^n \oplus \mathbb{R}^n \oplus \cdots \oplus \mathbb{R}^n \simeq \mathbb{R}^{pn} \quad ; \quad \widetilde{f}(v) = (\lambda_1(p(v)).g_i(v), \ldots, \lambda_p(p(v)).g_i(v))$$

et on vérifie que $\widetilde{f}$ est continue, linéaire et injective sur chaque fibre.

Le fibré $\gamma^n(\mathbb{R}^{n+k})$ est universel en ce sens que, pour k assez grand, l'existence d'une application de fibrés vectoriels est vérifiée pour un très grand nombre d'espaces topologiques :
Ce théorème reste valable pour les fibrés vectoriels de bases paracompactes, puisque la preuve se fonde sur la normalité des espaces de base. Cependant, pour pouvoir définir l'application $\widetilde{f}$, il faudrait que l'espace d'arrivée $\mathbb{R}^m$ soit de dimension suffisamment grande. C'est pour cela qu'on définit

La grassmanienne infinie.

Comme $\mathbb{R} \subset \mathbb{R}^2 \subset \ldots \subset \mathbb{R}^n \subset \ldots$, on peut définir l'espace $\mathbb{R}^\infty = \cup_{n\geq 1}\mathbb{R}^n$. De même, on a $G_n(\mathbb{R}^n) \subset \ldots \subset G_n(\mathbb{R}^{n+k})$, ce qui nous donne la grassmanienne infinie $G_n = \cup_{k\geq 0} G_n(\mathbb{R}^{n+k})$: c'est l'ensemble des espaces vectoriels de dimension n dans $\mathbb{R}^\infty$.
Nous munissons les espaces $\mathbb{R}^\infty$ et G_n de la topologie directe : C'est la topologie la plus fine qui rend les inclusions continues.
Pour $n = 1$, G_1 est l'espace projectif infini $\mathbb{R}P^\infty$.
On définit le fibré universel γ^n au dessus de G_n par

$$E(\gamma^n) = \cup_{\{X\}\in G_n}\{X\} \times X \subset G_n \times \mathbb{R}^\infty$$

La liberté des opérations dans $\mathbb{R}^\infty$ permet d'avoir

> **Théorème 1.3.2.4** *Soit $f, g : \xi \longrightarrow \gamma^n$ deux applications de fibrés vectoriels tel que $B(\xi)$ est paracompact. Alors f est homotope à g.*

Preuve.
Nous noterons $\widetilde{f}$ et $\widetilde{g}$ les applications induites $E(\xi) \longrightarrow \mathbb{R}^\infty$.
1er cas. Si pour tout v dans $E(\xi)$, $\widetilde{f}(v) \neq \lambda\widetilde{g}(v)$ avec $\lambda < 0$. Alors,

$$\widetilde{h}_t(v) = (1-t)\widetilde{f}(v) + t\widetilde{g}(v) \quad , \quad t \in [0,1]$$

est une homotopie entre $\widetilde{f}$ et $\widetilde{g}$. Posons

$$h_t(v) = \left(\widetilde{h}_t(F_{p(v)}(\xi)), \widetilde{h}_t(v)\right)$$

Vu que $\widetilde{h}_t(v) \neq 0$ si $v \neq 0 \in E(\xi)$, il s'ensuit que h_t est injective (et linéaire) sur chaque fibre, pour tout $t \in [0, 1]$.

En outre, l'application associée $h : E(\xi)\times[0,1] \longrightarrow E(\gamma^n)$ est continue, ce qui fait de $h_t,\ 0 \le t \le 1$, une homotopie de fibrés vectoriels.

2-ième cas. Supposons que f et g sont quelconques et considérons les transformations de $\mathbb{R}^\infty \longrightarrow \mathbb{R}^\infty$

$$\delta_1(x_1, x_2, \ldots) = (x_1, 0, x_2, 0, \ldots) \text{ et } \delta_2(x_1, x_2, \ldots) = (0, x_1, 0, x_2, \ldots)$$

Soit $d_1, d_2 : \gamma^n \longrightarrow \gamma^n$ les applications de fibrés vectoriels associées à δ_1 et δ_2. D'après le premier cas, on a les homotopies de fibrés vectoriels

$$f \sim d_1 \circ f \sim d_2 \circ g \sim g$$

Par suite, f et g sont homotopes.

Il s'ensuit du théorème que chaque fibré vectoriel ξ au dessus d'un espace paracompact détermine une unique classe d'homotopie d'applications $\bar{f}_\xi : B(\xi) \longrightarrow G_n$.

1.3.3 Quelques constructions de fibrés vectoriels.

Soit $\xi = (E, p, B)$ un fibré vectoriel réel.

Fibré image réciproque.

Soit B_1 un espace topologique et $f : B_1 \longrightarrow B$ une application continue. Considérons l'espace

$$E_1 = \{(b_1, e) \text{ tel que } f(b_1) = p(e), b_1 \in B_1 \text{ et } e \in E(\xi)\} \subset B_1 \times E$$

Le fibré image réciproque, noté $f^*\xi$, est le triplet (E_1, p_1, B_1) où $p_1 : E_1 \longrightarrow B_1$ est définie par

$$p_1(b_1, e) = b_1 \quad \text{et} \quad p_1^{-1}(b_1) = \{b_1\} \times F_e(\xi) \quad \text{si} \quad f(b_1) = p(e)$$

On a alors le diagramme commutatif suivant :

$$\begin{array}{ccc} E_1 & \xrightarrow{\hat{f}} & E(\xi) \\ \downarrow{\scriptstyle p_1} & & \downarrow{\scriptstyle p} \\ B_1 & \xrightarrow{f} & B \end{array}$$

où $\hat{f}$ est donnée par $\hat{f}(b_1, e) = (f(b_1), e)$ pour tout $(b_1, e) \in E_1$.

Remarque 1.3.3.1 Lorsque $B_1 \subset B$ et f est l'inclusion $i : B_1 \hookrightarrow B$, alors $i^*\xi$ est la restriction de ξ au sous-espace B_1.

Proposition 1.3.3.2 *Soit $f : \xi_1 \longrightarrow \xi_2$ une application de fibrés vectoriels de même base B et tels que $\bar{f} = id_B$. Alors ξ_1 est isomorphe à $\bar{f}^*(\xi_2)$.*

Preuve.

Soit $p : E(\xi_1) \longrightarrow B(\xi_1)$ la projection. L'application

$$g : E(\xi_1) \longrightarrow E\left(\bar{f}^*(\xi_2)\right) \quad ; \quad v \mapsto (p(v), f(v))$$

est continue et est un isomorphisme sur chaque fibre. La proposition est maintenant une conséquence de la remarque 1.3.1.3.

Proposition 1.3.3.3 (Voir [A], page 17.)
Soit ξ un fibré vectoriel de base B, B_1 un espace compact[7], *et $f_t : B_1 \longrightarrow B$ $(0 \leq t \leq 1)$ une homotopie. Alors*

$$f_0^*\xi \cong f_1^*\xi$$

Corollaire 1.3.3.4 *Deux fibrés vectoriels ξ_1 et ξ_2 de bases paracompactes sont isomorphes si, et seulement si, les applications $\bar{f}_{\xi_1}, \bar{f}_{\xi_2} : B \longrightarrow G_n$ sont homotopes, où G_n désigne la grassmanienne infinie.*

Produit cartésien de fibrés.

Soit $\xi_1 = (E_1, p_1, B_1)$ et $\xi_2 = (E_2, p_2, B_2)$ deux fibrés vectoriels. Le produit cartésien

$$\xi_1 \times \xi_2 = (E_1 \times E_2, p_1 \times p_2, B_1 \times B_2)$$

est un fibré vectoriel : La fibre au dessus d'un point $(b_1, b_2) \in B_1 \times B_2$ est donnée par

$$(p_1 \times p_2)^{-1}(b_1, b_2) = F_{b_1}(\xi_1) \times F_{b_2}(\xi_2)$$

Exemple 1.3.3.5 Soit M_1 et M_2 deux variétés différentielles. Le fibré tangent τ_M de la variété différentielle $M = M_1 \times M_2$ est isomorphe à $\tau_{M_1} \times \tau_{M_2}$.

Somme de Whitney.

Soit ξ_1 et ξ_2 deux fibrés vectoriels au dessus de B. Considérons l'application diagonale

$$d \; : \; B \longrightarrow B \times B \quad ; \quad x \mapsto (x, x)$$

Le fibré $d^*(\xi_1 \times \xi_2)$ au dessus de B est appelé la somme de Withney de ξ_1 et ξ_2. Il est noté $\xi_1 \oplus \xi_2$ car la fibre $F_b(\xi_1 \oplus \xi_2)$ est isomorphe à la somme directe $F_b(\xi_1) \oplus F_b(\xi_2)$.

---

7. La proposition reste valable pour les espace paracompacts.

1.3.4 Sous-fibrés vectoriels.

Définition 1.3.4.1 Soit ξ_1 et ξ_2 deux fibrés vectoriels ayant la même base B, tels que $E(\xi_1) \subset E(\xi_2)$. On dit que ξ_1 est un sous-fibré de ξ_2 si pour tout b dans B, la fibre $F_b(\xi_1)$ est un sous-espace vectoriel de $F_b(\xi_2)$.

Lemme 1.3.4.2 *Considérons deux sous-fibrés ξ_1 et ξ_2 d'un fibré vectoriel ξ. Si pour tout $b \in B(\xi)$,*

$$F_b(\xi) = F_b(\xi_1) \oplus F_b(\xi_2)$$

alors ξ est isomorphe à la somme de Whitney $\xi_1 \oplus \xi_2$.

Preuve.
L'application

$$E(\xi_1 \oplus \xi_2) \longrightarrow E(\xi) \ ; \ (b, v_1, v_2) \mapsto (b, v_1 + v_2)$$

est continue et, par restriction à chaque fibre, définit un isomorphisme d'espaces vectoriels. Il s'agit donc d'un homéomorphisme.

Complémentaire orthogonal d'un sous-fibré.

Définition 1.3.4.3

1. Soit ξ un fibré vectoriel. Le fibré ξ est euclidien s'il existe une fonction continue $q : E(\xi) \longrightarrow \mathbb{R}$ telle que la restriction de q à chacune des fibres définit un produit scalaire.
2. Une variété différentielle M^m est dite riemannienne si son fibré tangent τ_{M^m} est euclidien.

Soit η un fibré vectoriel euclidien. Le produit scalaire sur chaque fibre $F_b(\eta)$, $b \in B(\eta)$, sera noté $< \ / \ >_b$.
On considère un sous-fibré $\xi \subset \eta$. Chaque fibre $F_b(\xi)$ est un sous-espace vectoriel de $F_b(\eta)$. On peut donc définir

$$F_b(\xi^\perp) = \{v \in F_b(\eta) \text{ tel que } < v/w >_b = 0 \ \ \forall w \in F_b(\xi)\}$$

C'est un sous-espace vectoriel de $F_b(\xi)$. Notons $E(\xi^\perp) = \amalg_{b \in B} F_b(\xi^\perp)$ et $p : E(\xi^\perp) \longrightarrow B$ définie par $p(b, v) = b$.

Théorème 1.3.4.4 *Le triplet $\xi^\perp = (E(\xi^\perp), p, B)$ est un sous-fibré vectoriel de η et on a*

$$\eta = \xi \oplus \xi^\perp$$

Définition 1.3.4.5

- Si N^k est une sous-variété d'une variété différentielle riemannienne M^m, son fibré normal ν_{N^k} est l'orthogonal du fibré tangent τ_{N^k} et on a

$$\tau_{M^m|N^k} \simeq \tau_{N^k} \oplus \nu_{N^k}$$

- Le fibré normal en sphère associé à ν_{N^k} est défini par

$$S\nu_{N^k} = \{v \in \nu_{N^k} \ ; \ \|v\| = 1\}$$

1.3.5 Les sections.

Définition 1.3.5.1 Soit $\xi = (E, p, B)$ un fibré vectoriel. Une section s du fibré ξ est une application continue $s : E \longrightarrow B$ telle que $p \circ s = id_B$.

Remarques 1.3.5.2

1. Tout fibré vectoriel admet une section nulle

$$s(b) = 0_b \quad , \quad \forall\, b \in B$$

2. Une section est dite non nulle si, pour tout b dans B, $s(b)$ est un vecteur non nul de la fibre F_b.

Définition 1.3.5.3 On dit que les sections $s_1, s_2, \dots, s_n$ du fibré ξ sont indépendantes si, pour tout $b \in B$, les vecteurs $s_1(b), s_2(b), \dots, s_n(b)$ sont linéairement indépendants.

Théorème 1.3.5.4 *Un n-fibré vectoriel est trivial si, et seulement si, il admet n sections indépendantes.*
En particulier, si $n = 1$, un fibré vectoriel de dimension 1 est trivial si, et seulement si, il admet une section non nulle.

Exemple 1.3.5.5 Soit M^m une variété différentielle à bord. On sait que

$$\tau_{M^m|\partial M^m} \simeq \tau_{\partial M^m} \oplus \nu_{\partial M^m}$$

où $\nu_{\partial M^m}$ est le fibré normal à ∂M^m qui est, dans notre cas, de dimension 1. Soit $n(x)$ un vecteur normal à ∂M^m en x et sortant. Considérons l'application

$$s : M^m \longrightarrow \nu_{\partial M^m} \ ; \ x \mapsto \frac{n(x)}{\|n(x)\|}$$

On a s est une section partout non nulle de sorte que le fibré $\nu_{\partial M^m}$ est trivial.

Sections du fibré tangent.

Définition 1.3.5.6 Soit M^m une variété différentiable. Un champ de vecteurs sur M^m est une section différentiable du fibré tangent τ_{M^m}.

L'ensemble $\chi(M^m)$ des champs de vecteurs sur M^m est un module sur l'algèbre $C^\infty(M^m)$.

Définition 1.3.5.7 On appelle connexion sur M^m toute application

$$\begin{array}{rcccc} \nabla & : & \chi(M^m) \times \chi(M^m) & \longrightarrow & \chi(M^m) \\ & & (X, Y) & \mapsto & \nabla_X Y \end{array}$$

ayant les propriétés suivantes :

1. Pour tous $X, Y \in \chi(M^m)$ et $f \in C^\infty(M^m)$,

   $$\nabla_{fX} Y = f \nabla_X Y$$

   (∇ est $C^\infty(M^m)$-linéaire par rapport à la première variable).

2. Pour tout $f \in C^\infty(M^m)$,

   $$\nabla_X fY = f \nabla_X Y + Xf.Y$$

   En particulier, si $\lambda \in \mathbb{R}$

   $$\nabla_X \lambda Y = \lambda \nabla_X Y$$

   (∇ est $\mathbb{R}$-linéaire par rapport à la seconde variable).

Cas des variétés riemanniennes.

Notons g le produit scalaire sur le fibré tangent τ_{M^m} de la variété riemannienne M^m. Il existe une, et une seule, connexion ∇ vérifiant l'égalité :

$$Z.g(X, Y) = g(\nabla_Z X, Y) + g(X, \nabla_Z Y)$$

pour tous X, Y et Z dans $\chi(M^m)$.

Conséquence.

Si N est une sous-variété de M^m, N est alors riemannienne. Notons $\overline{\nabla}$ sa connexion. Il résulte de ce qui précède que pour tous $X, Y \in \chi(N)$, on a

$$\overline{\nabla}_X Y(x) = \text{projection orthogonale de } Y(x) \text{ sur } T_x N$$

Exemple 1.3.5.8 Cas de la variété standard $(\mathbb{R}^m, \langle\ /\ \rangle)$. Sa connexion ∇ est donnée par

$$\nabla_X Y(x) = Y'(x).X(x)$$

Dérivation covariante.

Considérons une connexion ∇ sur M^m et $c : I \longrightarrow M^m$ une courbe différentiable de M^m sur un intervalle I de $\mathbb{R}$.
Un champ de vecteurs le long de la courbe c est une application différentiable $X : I \longrightarrow E(\tau_{M^m})$ telle que $X(t) \in T_{c(t)}M^m,\ t \in I$.
On notera $\chi(c)$ l'ensemble des champs le long de la courbe c.

Soit $X \in \chi(c)$. A l'aide d'une carte (O, ϕ), on peut écrire

$$\phi \circ c(t) = x^i(t).e_i \quad , \quad X(t) = X^i(t).\partial_i \circ c(t)$$

On pose

$$\frac{DX}{dt}(t) = \{\frac{dX^k(t)}{dt} + \dot{x}^i(t).X^j(t)\Gamma_{ij}^k \circ c(t)\}\partial_k \circ c(t)$$

où Γ_{ij}^k sont les symboles de Christoffel donnés par la formule suivante

$$\nabla_{\partial_i}\partial_j = \Gamma_{ij}^k \partial_k$$

Lorsque $X(t) = \dot{c}(t)$, l'expression ci-dessus devient

$$\frac{D\dot{c}}{dt}(t) = \{\ddot{x}^k(t) + \dot{x}^i(t).\dot{x}^j(t).\Gamma_{ij}^k \circ c(t)\}\partial_k \circ c(t)$$

Définition 1.3.5.9 Une courbe différentiable $c : I \longrightarrow M^m$ est appelée géodésique si

$$\frac{D\dot{c}}{dt}(t) = 0$$

Elle vérifie donc l'équation du second ordre non linéaire suivante

$$\ddot{x}^k(t) + \dot{x}^i(t).\dot{x}^j(t).\Gamma_{ij}^k \circ c(t) = 0$$

L'application exponentielle.

Considérons l'équation différentielle suivante

$$\frac{D\dot{c}}{dt}(t) = 0 \quad ; \quad \dot{c}(0) = v \in T_pM^m$$

et notons $t \mapsto exp_p(tv)$ sa solution. Cette solution est définie dans un voisinage de 0. De plus, $exp'_p(0)v = v$ pour tout $v \in T_pM^m$ et donc $exp'_p(0) = id_{T_pM^m}$; le théorème d'inversion locale implique qu'il existe un voisinage U de 0, un voisinage V de $exp_p(0) = p$, tel que l'application $exp_p : U \longrightarrow V$ réalise un difféomorphisme.

Ce difféomorphisme nous donne une carte différentiable centrée en p, appelée carte normale.

Distance sur une variété riemannienne.

Soit $c : [a, b] \longrightarrow M^m$ une courbe différentiable de M^m. La longueur de la courbe c est le réel

$$long(c) = \int_a^b \|\dot{c}(t)\| \, dt$$

Soit $C_{p,q} = \{c : [a, b] \longrightarrow M^m$ courbe différentiable telle que $c(a) = p$ et $c(b) = q\}$. On définit alors la distance de p à q par

$$d(p, q) = inf\{long(c), c \in C_{p,q}\}$$

Cela permet de munir M^m d'une métrique qui est compatible avec sa topologie, parce que, si exp_p réalise un difféomorphisme de $B(0_p, r)$ alors

$$exp_p(B(0_p, r)) = B(p, r)$$

Remarques 1.3.5.10

- Lorsque le minimum est atteint, la courbe correspondante est une géodésique.
- L'espace métrique (M^m, d) est complet si, et seulement si, l'application exp_p est définie sur tout T_pM^m pour un certain p.
- Quand l'espace métrique (M^m, d) est complet, pour tout couple de points p et q, il existe une géodésique minimisante qui les joint.

Définition 1.3.5.11 Soit M^m une variété riemannienne. Une isométrie $g : M^m \longrightarrow M^m$ est un difféomorphisme de M^m tel que la différentielle $g'(a) : T_aM^m \longrightarrow T_{g(a)}M^m$ est une isométrie en tout point a dans M^m.

Remarque 1.3.5.12 L'image d'une géodésique par une isométrie est une géodésique, en particulier, si $g : M^m \longrightarrow M^m$ est une isométrie, on a

$$g(exp_x(v)) = exp_{g(x)}(g'(x).v)$$

pour tout v dans T_xM^m.

Voisinages tubulaires.

Soit M^m une variété riemannienne compacte et N une sous-variété fermée de fibré normal

$$\nu_N = \amalg_{p \in N} T_pN^{\perp}$$

Vu que M^m est compacte, on peut définir $exp_p : T_pN^{\perp} \longrightarrow M^m$. Ce qui induit une application

$$exp : \nu_N \longrightarrow M^m$$

Il est alors clair que l'application exp est un difféomorphisme local en tout point de la section nulle (qui est difféomorphe à N).

Théorème 1.3.5.13 *Avec les notations précédentes, si la variété N est compacte, l'application exp va réaliser un difféomorphisme d'un voisinage $V_r = \{v \in E(\nu_N), \|v\| < r\}$ de la section nulle sur un voisinage de N appelé voisinage tubulaire.*

Preuve.

On sait déjà que pour tout $0_p \in T_pN^\perp$, il existe un voisinage $V_{r(p)}$ de 0_p dans ν_N et un voisinage $U_{r(p)}$ dans M^m tel que $exp : V_{r(p)} \longrightarrow U_{r(p)}$ est un difféomorphisme.
Comme N est compacte, il existe r tel que l'application exp réalise un difféomorphisme local de V_r.

Il reste à prouver que, pour r assez petit, l'application exp est injective sur le voisinage V_r. Supposons le contraire : Pour $r = \frac{1}{n}$, il existe $v_{p_n} \in T_{p_n}N^\perp$ et $v_{p'_n} \in T_{p'_n}N^\perp$ dans $V_{\frac{1}{n}}$ tels que $exp(v_{p_n}) = exp(v_{p'_n})$. Puisque la variété M^m est compacte, on peut supposer que les suites $(p_n)_{n>0}$ et $(p'_n)_{n>0}$ convergent vers $p, p' \in N$. On a alors

$$lim_{n\to+\infty}p_n = p \quad \text{et} \quad lim_{n\to+\infty}p'_n = p'$$

Il s'ensuit que

$$p = exp(0_p) = exp(0_{p'}) = p'$$

On en déduit que pour tout voisinage de 0_p, il existe $n_0 \in N^*$ tel que pour tout $n \geq n_0$ on ait

$$exp(v_{p_n}) = exp(v_{p'_n})$$

et cela contredit l'injectivité de l'application exp sur un voisinage de 0_p.

Corollaire 1.3.5.14 ***Les voisinages colliers.***
Soit M^m une variété différentielle compacte. Il existe un ouvert U de M^m tel que $\partial M^m \subset U \subset M^m$, et un difféomorphisme

$$h \; : \; U \longrightarrow \partial M^m \times [0, 1[$$

vérifiant $h(x) = (x, 0)$ pour tout x dans ∂M^m.

Preuve.

On sait que le fibré normal à ∂M^m s'écrit $\nu_{\partial M^m} \simeq \partial M^m \times \mathbb{R}$. L'application $exp : \nu_{\partial M^m} \longrightarrow M^m$ est alors solution

$$\frac{D\dot{c}}{dt}(t) = 0 \quad ; \quad \dot{c}(0) = \lambda n(p) \in \nu_{p\partial M^m}, \; \lambda > 0$$

où $n(p)$ est le vecteur normal rentrant à la variété M^m. D'après le théorème 1.3.5.14, l'application

$$exp : \partial M^m \times [0, 1[\longrightarrow U$$

est un difféomorphisme sur un ouvert U de la variété M^m tel que $\partial M^m \subset U \subset M^m$ et vérifie $exp^{-1}(x) = (x, 0)$ pour tout x dans ∂M^m.

1.3.6 Propriétés cohomologiques des fibrés vectoriels.

Tous les groupes de cohomologie considérés sont à coefficients dans $\mathbb{Z}_2$.

La $\mathbb{Z}_2$-classe de Thom.

Soit $\xi = (E, p, B)$ un fibré vectoriel de dimension n, et notons par E^* les éléments non nuls de E.

Théorème 1.3.6.1 (Voir [Mi] pages $106 - 107 - 108$.)
Les groupes $H^k(E, E^*)$, $k < n$, sont tous nuls, et pour $k = n$, il existe une unique classe $T(\xi)$ dans $H^n(E, E^*)$ telle que, si F est la fibre au dessus de $x \in B$, alors $T(\xi)_{|(F,F^*)}$ correspond au générateur du $\mathbb{Z}_2$-module $H^n(F, F^*)$.
En outre, l'application

$$H^k E \longrightarrow H^{n+k}(E, E^*) \quad ; \quad x \mapsto x \smile T(\xi)$$

est un isomorphisme pour tout $k \geq 0$.

La classe $T(\xi)$ est appelée la $\mathbb{Z}_2$-classe de Thom et notons que $T(\xi)_{|(F,F^*)} = i^*T(\xi)$ avec i est l'inclusion $(F, F^*) \hookrightarrow (E, E^*)$.
On désignera toujours par $T(\xi)$ la classe de Thom du fibré ξ.

Propriétés de la classe de Thom.

Proposition 1.3.6.2 *Soit $\xi = (E, p, B)$ un fibré vectoriel de dimension n, et $\bar{f} : B_1 \longrightarrow B$ une application continue. Si $\bar{f}^*\xi = (E_1, p_1, B_1)$ est le fibré image réciproque de ξ par $\bar{f}$ et $f : E\left(\bar{f}^*\xi\right) \longrightarrow E(\xi)$ est l'application de fibrés vectoriels induite, alors*

$$T\left(\bar{f}^*\xi\right) = f^*T(\xi)$$

Preuve.
L'application f induit une application $(E_1, E_1^*) \longrightarrow (E, E^*)$, notée encore f, qui fait commuter le diagramme

$$\begin{array}{ccc} H^n(E, E^*) & \xrightarrow{f^*} & H^n(E_1, E_1^*) \\ \downarrow i^*_{\bar{f}(x)} & & \downarrow i^*_x \\ H^n(F_{\bar{f}(x)}, F^*_{\bar{f}(x)}) & \xrightarrow{f^*_x} & H^n((F_1)_x, (F_1)^*_x) \end{array}$$

avec $i : (F, F^*) \longrightarrow (E, E^*)$ est l'injection et f_x est l'homéomorphisme f restreint à $((F_1)_x, (F_1)^*_x)$.
L'isomorphisme f^*_x envoie le générateur $i^*_{\bar{f}(x)}T(\xi)$ de $H^n(F_{\bar{f}(x)}, F^*_{\bar{f}(x)})$ sur le générateur de $i^*_x T\left(\bar{f}^*\xi\right)$ de $H^n((F_1)_x, (F_1)^*_x)$. On a donc

$$f^*_x \circ i^*_{\bar{f}(x)}T(\xi) = i^*_x T\left(\bar{f}^*\xi\right)$$

Or $f_x^* \circ i_{\bar{f}(x)}^* = i_x^* \circ f^*$, si bien que $i_x^* \circ f^*T(\xi) = i_x^*T\left(\bar{f}^*\xi\right)$.
Comme $T\left(\bar{f}^*\xi\right)$ est l'unique classe qui vérifie cette propriété, il vient que $T\left(\bar{f}^*\xi\right) = f^*T(\xi)$.

Proposition 1.3.6.3 *Soit* $\xi_1 = (E_1, p_1, B_1)$ *et* $\xi_2 = (E_2, p_2, B_2)$ *deux fibrés vectoriels de dimensions respectives* n_1 *et* n_2.
Le produit cartésien des classes de Thom $T(\xi_1)$ *et* $T(\xi_2)$ *vérifie*

$$T(\xi_1) \times T(\xi_2) = T(\xi_1 \times \xi_2) \in H^{n_1+n_2}\left(E_1 \times E_2, (E_1 \times E_2)^*\right)$$

Preuve.
Notons $\xi = \xi_1 \times \xi_2 = (E_1 \times E_2, p_1 \times p_2, B_1 \times B_2)$.
Puisque E_1^* et E_2^* sont ouverts dans E_1 et E_2 respectivement, alors

$$T(\xi_1) \times T(\xi_2) \in H^{n_1+n_2}\left(E_1 \times E_2, E_1 \times E_2^* \cup E_1^* \times E_2\right)$$

et remarquons que $E_1 \times E_2^* \cup E_1^* \times E_2 = (E_1 \times E_2)^*$. De plus, pour chaque fibre F dans $E_1 \times E_2$, on a $(F, F^*) = (F_1, F_1^*) \times (F_2, F_2^*)$, avec F_1 et F_2 sont deux fibres de E_1 et E_2.
Il s'ensuit que

$$T(\xi)_{|(F,F^*)} = T(\xi_1) \times T(\xi_2)_{|(F,F^*)} = T(\xi_1)_{|(F_1,F_1^*)} \times T(\xi_2)_{|(F_2,F_2^*)}$$

où $\times$ désigne le cross produit (voir annexe A).

L'isomorphisme de Thom.

Soit $\xi = (E, p, B)$ un fibré vectoriel de dimension n. Puisque chaque fibre de ξ est contractile, alors l'application $p : E \longrightarrow B$ est une équivalence d'homotopie (voir [Ste]), ou encore l'espace B s'identifie à la section nulle qui est un rétracte par déformation de E.
La projection p induit donc un isomorphisme $p^* : H^kB \longrightarrow H^kE$.

Définition 1.3.6.4 L'isomorphisme de Thom $\phi : H^kB \longrightarrow H^{k+n}(E, E^*)$ est la composée des deux isomorphismes

$$H^kB \xrightarrow{p^*} H^kE \xrightarrow{\smile T(\xi)} H^{k+n}(E, E^*)$$

Remarque 1.3.6.5 L'isomorphisme de Thom est un homomorphisme de groupes, mais pas un homomorphisme d'anneaux gradués.

Quelques propriétés de l'isomorphisme de Thom.

Soit $\xi_1 = (E_1, p_1, B_1)$ et $\xi_2 = (E_2, p_2, B_2)$ deux fibrés vectoriels.

1. Supposons que $\xi_1 = \bar{f}^*\xi_2$ et soit $f : E(\xi_1) \longrightarrow E(\xi_2)$ l'application de fibrés vectoriels associée. Le diagramme suivant commute

$$\begin{array}{ccc} H^n(E_2, E_2^*) & \xrightarrow{f^*} & H^n(E_1, E_1^*) \\ \uparrow p_2^* & & \uparrow p_1^* \\ H^n(B_2) & \xrightarrow{\bar{f}^*} & H^n(B_1) \end{array}$$

Si ϕ_1 et ϕ_2 sont les isomorphismes de Thom associés aux fibrés ξ_1 et ξ_2 respectivement, alors

$$f^* \circ \phi_2 = \phi_1 \circ \bar{f}^*$$

puisque

$$\begin{aligned} f^* \circ \phi_2(x) &= f^*\left(p_2^*(x) \smile T(\xi_2)\right) \\ &= f^* p_2^*(x) \smile f^* T(\xi_2) \\ &= p_1^* \bar{f}^*(x) \smile T(\xi_1) \\ &= \phi_1 \circ \bar{f}^*(x) \end{aligned}$$

2. Soit $\xi = \xi_1 \times \xi_2$, $x \in H^* B_1$ et $y \in H^* B_2$. Par suite $x \times y \in H^*(B_1 \times B_2)$ et on a

$$\phi(x \times y) = \phi_1(x) \times \phi_2(y)$$

où ϕ est l'isomorphisme de Thom associé au fibré ξ. En effet,

$$\begin{aligned} \phi(x \times y) &= p^*(x \times y) \smile T(\xi) \\ &= (p_1^*(x) \times p_2^*(y)) \smile (T(\xi_1) \times T(\xi_2)) \\ &= (p_1^*(x) \smile T(\xi_1)) \times (p_2^*(y) \smile T(\xi_2)) \\ &= \phi_1(x) \times \phi_2(y) \end{aligned}$$

Sur les carrés de Steenrod.

Soit (X, A) une paire d'espaces topologiques.

Définition 1.3.6.6 Pour n et i des entiers, les carrés de Steenrod sont des applications

$$Sq^i : H^n(X, A\,; \mathbb{Z}_2) \longrightarrow H^{n+i}(X, A\,; \mathbb{Z}_2)$$

vérifiant les propriétés suivantes :

1. $Sq^i(x + y) = Sq^i x + Sq^i y$.
2. Pour toute application continue $f : (X, A) \longrightarrow (Y, B)$, on a $f^* Sq^i = Sq^i f^*$.
3. Si $x \in H^n(X, A\,; \mathbb{Z}_2)$, alors $Sq^0 x = x$, $Sq^n x = x \smile x$ et $Sq^i x = 0$ pour $i > n$.
4. Formule de Cartan :
$$Sq^n(x \smile y) = \sum_{i+j=n} Sq^i x \smile Sq^j y$$

En posant $Sq = Sq^0 + Sq^1 + \cdots + Sq^n + \cdots$, la formule de Cartan devient

$$Sq(x \smile y) = Sqx \smile Sqy$$

en particulier,

$$Sq(x \times y) = Sqx \times Sqy$$

et l'opération Sq définit donc un endomomorphisme d'anneau dans $H^*(X, A\,; \mathbb{Z}_2)$.

Les classes de Stiefel-Whitney.

Définition 1.3.6.7 A tout fibré vectoriel $\xi = (E, p, B)$ sont associées des classes uniques $w_i(\xi)$, $0 \leq i \leq n$, dans H^iB qui vérifient la relation

$$\phi\,(w_i(\xi)) = Sq^i\,(T(\xi))$$

La classe de Stiefel-Whitney

$$w_n(\xi) = \phi^{-1}\,(T(\xi) \smile T(\xi))$$

est appelée la classe d'Euler. C'est l'unique classe $w_n(\xi)$ telle que $T(\xi)_{|E} = p^*w_n(\xi)$.

Théorème 1.3.6.8 *Les classes de Stiefel-Whitney $w_0, w_1, \ldots, w_n, \ldots$ vérifient les axiomes*

1. $w_0(\xi) = 1$ *et* $w_i(\xi) = 0$ *pour* $i > dim\ \xi$.
2. $w_i\left(\bar{f}^*\xi\right) = \bar{f}^*\left(w_i(\xi)\right)$ *pour toute application continue* $\bar{f} : B_1 \to B$.
3. *Posons* $w = 1 + w_1 + \cdots + w_n + \cdots$. *Alors :*

$$w(\xi_1 \times \xi_2) = w(\xi_1) \times w(\xi_2) \text{ et } w(\xi_1 \oplus \xi_2) = w(\xi_1) \smile w(\xi_2)$$

4. *Pour le fibré* γ_1^1, $w_1\left(\gamma_1^1\right)$ *est non nul.*

Preuve.

1. Immédiat d'après la définition et les propriétés des carrés de Steenrod.

2. Soit $f : E(\bar{f}^*\xi) \longrightarrow E(\xi)$ l'application de fibrés vectoriels associée. Si ϕ_1 et ϕ sont les isomorphismes de Thom associés aux fibrés $\bar{f}^*\xi$ et ξ alors l'axiome est une conséquence de la propriété $f^* \circ \phi = \phi_1 \circ \bar{f}^*$.

3. Soit ϕ, ϕ_1 et ϕ_2 les isomorphismes de Thom des fibrés $\xi = \xi_1 \times \xi_2$, ξ_1 et ξ_2. On a

$$\phi\,(w(\xi)) = Sq\,(T(\xi)) = Sq\,(T(\xi_1) \times T(\xi_2)) = SqT(\xi_1) \times SqT(\xi_2)$$

mais

$$SqT(\xi_1) \times SqT(\xi_2) = \phi_1 w(\xi_1) \times \phi_2 w(\xi_2) = \phi\,(w(\xi_1) \times w(\xi_2))$$

Par suite,

$$w(\xi) = w(\xi_1) \times w(\xi_2)$$

Soit $d : B \longrightarrow B \times B$ l'application diagonale. On a

$$w\left(d^*\xi\right) = d^* w(\xi) = d^*\left(w(\xi_1) \times w(\xi_2)\right)$$

et on obtient finalement

$$w(\xi_1 \oplus \xi_2) = w(\xi_1) \smile w(\xi_2)$$

4. Pour vérifier que $w_1(\gamma_1^1) = \phi^{-1} Sq^1\left(T(\gamma_1^1)\right)$ est non nulle, il faut prouver que

- $T(\gamma_1^1) \in H^1(E, E^*)$ est non nulle.
- $Sq^1\left(T(\gamma_1^1)\right) = T(\gamma_1^1) \smile T(\gamma_1^1) \neq 0$.

Considérons les vecteurs v de $E(\gamma_1^1)$ tels que $\|v\| \leq 1$. C'est une bande de Moebius M qui est un rétracte par déformation de E. Son bord ∂M est un cercle qui correspond aux vecteurs $v \in E$ tels que $\|v\| = 1$. Par suite, ∂M est un rétracte par déformation de E^*, et on a l'isomorphisme

$$H^*(E, E^*) \simeq H^*(M, \partial M)$$

Par ailleurs, on sait que l'adhèrence de $\mathbb{R}P^2 \setminus D^2$ est homéomorphe à M ; le théorème d'excision fournit alors l'isomorphisme

$$H^*(\mathbb{R}P^2, D^2) \simeq H^*(M, \partial M)$$

et la suite exacte de la paire donne l'isomorphisme $H^*(\mathbb{R}P^2, D^2) \simeq H^*\mathbb{R}P^2$, ce qui implique que

$$H^k(E, E^*) \overset{\psi}{\simeq} H^k\mathbb{R}P^2$$

est un isomorphisme pour tout k. Si a est le générateur de $H^1\mathbb{R}P^2$ [8], alors $T(\gamma_1^1) = \psi(a) \neq 0$. De plus, $Sq^1 T(\gamma_1^1)$ correspond à $Sq^1 a = a \smile a \neq 0$. On en déduit que $Sq^1 T(\gamma_1^1) \neq 0$, et en conséquence que $w_1(\gamma_1^1) = \phi^{-1} Sq^1\left(T(\gamma_1^1)\right) \neq 0$.

Remarques 1.3.6.9

1. La somme $w = 1 + w_1 + \cdots + w_n + \cdots$ est appelée la classe totale de Stiefel-Whitney, et notons qu'elle ne contient qu'un nombre fini de termes par le premier axiome. La formule $w(\xi_1 \oplus \xi_2) = w(\xi_1) \smile w(\xi_2)$ n'est qu'une manière commode d'écrire la formule de Whitney

$$w_n(\xi_1 \oplus \xi_2) = \sum_{i+j=n} w_i(\xi_1) \smile w_j(\xi_2)$$

2. Notons que si $w_i(\xi) = 0$ pour tout $i > 0$, alors les trois premiers axiomes sont vérifiés. Le quatrième axiome est donc une condition de non trivialité.

8. Voir l'application de la suite exacte de Gysin.

Quelques propriétés.

1. Si ξ_1 et ξ_2 sont deux fibrés vectoriels isomorphes alors $w_i(\xi_1) = w_i(\xi_2)$ pour tout i puisque $\xi_1 = id^*\xi_2$. En particulier, s'il existe k tel que $w_k(\xi_1) \neq w_k(\xi_2)$, alors ξ_1 et ξ_2 ne sont pas isomorphes.
2. Si ε^n est un n-fibré vectoriel trivial, alors $w_i(\xi) = 0$ pour $i > 0$. Cela provient du fait qu'on a une application de fibrés vectoriels de ξ dans le fibré au dessus d'un point.
3. Si ε est un fibré trivial, alors $w_i(\xi_1 \oplus \varepsilon) = w_i(\xi_1)$.

Nous admetterons le résultat

Théorème 1.3.6.10 (Voir [Mi] pages $83 - 84 - 85 - 86$.)
L'anneau $H^*(G_n\,;\mathbb{Z}_2)$ est une algèbre polynomiale engendrée sur $\mathbb{Z}_2$ par les classes de Stiefel-Whitney $w_1(\gamma^n), \ldots, w_n(\gamma^n)$.

Conséquence. Comme tout fibré vectoriel ξ de dimension n au dessus d'un espace paracompact admet une application de fibrés vectoriels $f : \xi \longrightarrow \gamma^n$, alors on a

$$w_i(\xi) = \bar{f}^* w_i(\gamma^n)$$

avec $\bar{f} : B(\xi) \longrightarrow G_n$ est l'application induite par f.

La suite exacte de Gysin.

Considérons un fibré vectoriel $\xi = (E, p, B)$ et notons p_0 l'application $p_{|E^*}$.
La suite exacte de la paire (E, E^*) et l'isomorphisme de Thom nous donnent

Théorème 1.3.6.11 *A tout fibré vectoriel ξ on peut associer une longue suite exacte, appelée la suite exacte de Gysin, donnée par*

$$\cdots \longrightarrow H^k B \xrightarrow{\smile w_n} H^{k+n} B \xrightarrow{p_0^*} H^{k+n} E^* \xrightarrow{\phi^{-1}\delta} H^{k+1} B \xrightarrow{\smile w_n} \cdots$$

Définition 1.3.6.12 Soit $\xi = (E, p, E)$ un fibré vectoriel. L'application de $H^{*+n}E^*$ dans $H^{*+1}B$ donnée dans la suite exacte de Gysin et définie par la composée des deux homomorphismes de groupes

$$H^{*+n}E^* \xrightarrow{\delta} H^{*+n+1}(E, E^*) \xrightarrow{\phi^{-1}} H^{*+1}B$$

est appelé morphisme de Gysin. C'est un homomorphisme de groupes de degré $1 - n$.

Suite exacte de Gysin associée à un revêtement à deux feuillets.

Soit $\widetilde{B} \longrightarrow B$ un revêtement à deux feuillets. A partir de ce revêtement, on peut construire un fibré vectoriel ξ de dimension 1 comme suit :

Posons $\widetilde{E} = \widetilde{B} \times \mathbb{R}$ et $p^{-1}(x) = \{y, y'\}$. L'espace total E est obtenu au moyen de l'identification $(y,t) \sim (y', -t) \in \widetilde{B} \times \mathbb{R}$ et la projection q est définie par $q : E \longrightarrow B$; $q(y,t) = p(y)$.
Il s'agit bien d'un fibré vectoriel car la condition de trivialisation locale est vérifiée :

Soit V_x un voisinage distingué de x dans B, et un feuillet U_y de y dans $\widetilde{B}$ ($p_{|U_y} : U_y \longrightarrow V_x$ est un homéomorphisme). L'application

$$\begin{array}{rccc} h: & V_x \times \mathbb{R} & \longrightarrow & q^{-1}(V_x) \\ & (z,t) & \mapsto & (p_{|U_y}^{-1}(z), t) \end{array}$$

est un homéomorphisme, et la condition de trivialisation locale est vérifiée.

L'espace $\widetilde{B}$ est un rétracte par déformation de E^*. En appliquant la suite exacte de Gysin on obtient

Corollaire 1.3.6.13 *A tout revêtement à deux feuillets $p : \widetilde{B} \longrightarrow B$ on peut associer la suite exacte*

$$\cdots \longrightarrow H^{k-1}B \xrightarrow{\smile w_1(\xi)} H^k B \xrightarrow{p_0^*} H^k \widetilde{B} \xrightarrow{\phi^{-1}\delta} H^k B \longrightarrow \cdots$$

Exemple 1.3.6.14 En appliquant la construction précédente au revêtement $S^n \longrightarrow \mathbb{R}P^n$, on obtient le fibré γ_n^1, et en utilisant la suite précédente on trouve $H^*\mathbb{R}P^n = \mathbb{Z}_2[w_1(\gamma_n^1)]_{\leq n}$(=l'ensemble des polynômes à coefficients dans $\mathbb{Z}_2$ et de degré inférieur ou égal à n).

Cela nous donne aussi que le fibré vectoriel associé au revêtement $S^\infty \longrightarrow \mathbb{R}P^\infty$ est le fibré γ^1. La sphère S^∞ est alors un rétracte par déformation de $E(\gamma^1)^*$.

La longue suite exacte de Gysin induit des suites exactes courtes :

$$0 \longrightarrow \frac{H^i B}{w_1.H^{i-1}B} \xrightarrow{p^*} H^i \widetilde{B} \xrightarrow{\phi^{-1}\delta} ker\left(H^i\mathbb{Z}_2, H^i B\right) \longrightarrow 0$$

avec $ker\left(H^i\mathbb{Z}_2, H^iB\right) = ker\left(.w_1 : H^iB \longrightarrow H^{i+1}B\right)$. Ce qui nous ramène à la suite exacte, notée $G(\mathbb{Z}_2, \widetilde{B})$ et appelée aussi suite exacte de Gysin,

$$0 \longrightarrow \frac{H^* B}{w_1.H^* B} \xrightarrow{p^*} H^* \widetilde{B} \xrightarrow{\phi^{-1}\delta} ker\left(H^*\mathbb{Z}_2, H^* B\right) \longrightarrow 0$$

<u>*Application. La cohomologie de $\mathbb{R}P^\infty$.*</u>

Proposition 1.3.6.15 *Considérons le fibré universel γ^1 d'espace de base $\mathbb{R}P^\infty$. Alors*

$$H^*\mathbb{R}P^\infty = \mathbb{Z}_2[w_1(\gamma^1)]$$

où $w_1(\gamma^1)$ est la classe de Stiefel-Whitney du fibré γ^1.

Preuve.

La suite exacte de Gysin associée à ce fibré est

$$H^k E^*\gamma^1 \xrightarrow{\phi^{-1}\delta} H^k\mathbb{R}P^\infty \xrightarrow{\smile w_1(\gamma^1)} H^{k+1}\mathbb{R}P^\infty \xrightarrow{p_0^*} H^{k+1}E^*\gamma^1$$

On sait que $E^*\gamma^1$ se rétracte par déformation sur S^∞ qui est contractile, ce qui implique que $H^k E^*\gamma^1 = H^k S^\infty = 0$ pour $k > 0$. En particulier, $\smile w_1(\gamma^1)$ est un isomorphisme pour $k > 0$.

Par ailleurs, on a

$$0 \longrightarrow H^0\mathbb{R}P^\infty \xrightarrow{p_0^*} H^0 S^\infty \xrightarrow{\phi^{-1}\delta} H^0\mathbb{R}P^\infty \xrightarrow{\smile w_1(\gamma^1)} H^1\mathbb{R}P^\infty \longrightarrow 0$$

L'homomorphisme $p_0^* : H^0\mathbb{R}P^\infty \longrightarrow H^0 S^\infty$ ($p_0^* : \mathbb{Z}_2 \longrightarrow \mathbb{Z}_2$) est un isomorphisme, de sorte que $\smile w_1(\gamma^1)$ est aussi un isomorphisme pour $k = 0$.

1.4 Quelques notions sur les actions de groupes.

Dans ce qui va suivre, on s'intéressera aux espaces sur lesquelles il existe une action d'un groupe G, on étudiera le cas des variétés différentielles et plus généralement les CW-complexes. On verra quelques unes des propriétés qui s'ajoutent suite à la considération des actions de groupes.

Soit G un groupe topologique et X un espace topologique. Supposons que G opère continûment dans X, c.-à-d. qu'on a une application continue

$$G \times X \longrightarrow X \quad ; \quad (g, x) \mapsto g.x$$

vérifiant :

- Pour tout x dans X, $e.x = x$, où e désigne l'élément neutre de G.
- Pour tous x dans X, g_1,g_2 dans G, on a $g_1 g_2.x = g_1.(g_2.x)$.

Alors, l'application

$$\alpha_g : X \longrightarrow X \quad ; \quad x \mapsto g.x$$

est un homéomorphisme d'inverse $\alpha_{g^{-1}}$. On a donc l'homomorphisme de groupes

$$h : G \longrightarrow \text{Homéo}(X) \quad ; \quad g \mapsto \alpha_g$$

Dans le cas d'une action fidèle , i.e. :

$$(g.y = y \quad \forall\, y \in X) \Rightarrow g = e$$

l'application h est injective (car $ker(h) = \{g \in G \;\; ; \;\; g.y = y \quad \forall\, y \in X\} = \{e\}$), il vient que le groupe G s'identifie à un sous-groupe d'homéomorphismes de X.

Dans toute la suite les actions de groupes sont supposées fidèles.

Définition 1.4.1

1. On dit que le groupe G opère sans points fixes sur l'espace X s'il n'existe pas un point x dans X tel que $g.x = x$ pour tout g dans G.
2. Notons $G_x = \{g \in G \ ; \ g.x = x\}$ le stabilisateur du point x.
   Si pour tout x dans X, $G_x = \{e\}$, alors l'action de G est dite libre, ce qui équivaut à dire qu'aucun élément de G, autre que e, n'admet un point fixe.

Remarques 1.4.2

Si le groupe G agit librement sur X, alors :

- Tout sous-groupe de G agit librement.
- L'action de G est sans points fixes, mais la réciproque est généralement fausse.
- Si G agit librement sur X et K est un sous-groupe distingué de G, alors G/K agit librement sur X/K. (Sinon, il existerait une orbite $K.x = \{k.x, \ k \in K\}$ qui est fixée par G/K. On a alors

$$gk_1.x = k_2.x$$

pour tous g dans G/K, k_1 et k_2 dans K. Il s'ensuit que l'élément $k_2^{-1}gk_1$ de G fixe le point x. Ce qui est exclu.)

On se restreindra aux espaces topologiques compacts.

Définitions-vocabulaire et notations.

- On peut obtenir une action différentiable de G sur X en prenant G un groupe de Lie compact et $X = M^m$ une variété différentielle. Dans ce cas, le couple (G, M^m) est appelé une G-variété différentielle.
- Lorsque le groupe G agit librement, on dit que (G, M^m) est une G-variété principale.
- Soit V une sous-variété de (G, M^m). Si V est stable par l'action de G, i.e. : $G.V = V$, on dit alors que V est une sous-G-variété de (G, M^m).

Remarque 1.4.3 Si (G, M^m) est une G-variété à bord, alors l'image d'un point intérieur par un élément g de G est un point intérieur. Par conséquent, $g\left(\partial M^m\right) = \partial M^m$ pour tout g dans G.
Il en résulte que $(G, \partial M^m)$ est une G-variété différentielle fermée. En outre, elle est principale si (G, M^m) est principale.

Définition 1.4.4 Soit (G, M_1^m) et (G, M_2^m) deux G-variétés différentielles. On dit qu'un difféomorphisme $\varphi : M_1^m \longrightarrow M_2^m$ est équivariant si

$$\varphi \circ g = g \circ \varphi$$

pour tout g dans G.
Si un tel difféomorphisme existe, les variétés (G, M_1^m) et (G, M_2^m) sont dites équivalentes.

Remarques 1.4.5

Plus généralement, si G est un groupe fini, on peut parler des actions de groupes sur les CW-complexes finis.

Soit X un CW-complexe, alors il est dit G-CW-complexe si G agit sur X par applications cellulaires. c.-à-d. :

- L'action de G permute les cellules de chaque squelette de X, i.e. : l'action de G induit une action $G \times X^{(n)} \longrightarrow X^{(n)}$.
- Pour tout g dans G, l'ensemble $Fix_g(X) = \{x \in X \ ; \ g(x) = x\}$ est un sous-CW-complexe de X. De façon plus précise, si un point x dans X est fixé par un élément g dans G, alors g fixe la plus petite cellule contenant x.

Soit X un G-CW complexe fini. On a :

1. L'espace quotient X/G admet une structure de CW-complexe telle que l'application $p : X \longrightarrow X/G$ est cellulaire.
2. Si l'action de G est libre (X est alors dit G-CW-complexe libre), alors G est un groupe proprement discontinu sans points fixes (G est un groupe fini d'homéomorphismes qui opèrent sans points fixes), ce qui fait de l'application $p : X \longrightarrow X/G$ un revêtement.
   En particulier, pour tout $x \in X$, il existe un voisinage U_x tel que
   $$U_x \cap g.U_x = \emptyset$$
   pour tout g dans G différent de e.

<u>**Exemple d'actions de groupes. Les involutions.**</u>

Soit X un espace topologique. On rappelle qu'une application $f : X \longrightarrow X$ est une involution si f est un homéomorphisme qui vérifie

$$f \circ f = id_X$$

Exemples 1.4.6

1. *Involutions des variétés différentielles.*

Soit M^m une variété différentielle. On identifie l'involution f à une action différentiable du groupe $\mathbb{Z}_2$ sur M^m, ce qui justifiera la notation (f, M^m) pour la $\mathbb{Z}_2$-variété M^m.

Plus généralement, on identifie l'action du groupe $\mathbb{Z}_2^k$ à un groupe d'involutions différentiables dans la variété M^m et qui commutent deux à deux.

Soit E un espace euclidien de dimension finie sur $\mathbb{R}$.

1. Considérons une involution linéaire f de E. Si elle est sans points fixes sur E^*, alors on a forcément $f = -id$.

   En effet, puisque $f \circ f = id$, on peut écrire

   $$E = ker(f - id) \oplus ker(f + id)$$

   et comme $ker(f - id) = \{0\}$, il s'ensuit que $f = -id$.

2. Notons S_E la sphère unité de E, et soit f une involution de S_E. Si f est une isométrie sans points fixes, alors $f = -id$.

   Supposons qu'il existe x dans S_E tel que $f(x) \neq -x$ et posons $f(x) = y$. Il existe une seule géodésique minimisante c joignant x à y. Son image $f(c)$ par l'isométrie f est la géodésique minimisante joignant $f(x) = y$ à $f(y) = x$. On en déduit que c est fixée par f.
   En notant a le milieu de x et y, on vérifie que $f(a) = a$, ce qui contredit l'hypothèse que $f(x) \neq x$ pour tout x dans S_E.

2. *Involutions des CW-complexes.*

La sphère S^n admet la structure de CW-complexe telle que

1. L'inclusion $S^{n-1} \hookrightarrow S^n$ est l'inclusion du sous-CW-complexe $(S^n)^{(n-1)}$.
2. S^n a deux n-cellules.
3. Le groupe $\mathbb{Z}_2 = \{id, -id\}$ agit librement par applications cellulaires.

On en déduit que pour cette structure cellulaire, la sphère S^n possède deux k-cellules pour tout $k \leq n$. Il est alors clair que $\mathbb{R}P^n = S^n/\mathbb{Z}_2$ admet la structure de CW-complexe ayant une k-cellule pour tout $k \leq n$.

1.4.1 Quelques propriétés des G-variétés.

Dans l'étude qui suivra, on se restreindra aux groupes de difféomorphismes finis et aux G-variétés compactes, et si la variété M^m est orientée, on supposera que les éléments de G conservent tous l'orientation.

Une métrique riemannienne sur M^m.

On sait que toute variété différentielle compacte M^m peut être plongée dans un $\mathbb{R}^{m+k}$ pour un k assez grand. Le fibré tangent τ_{M^m} de M^m est alors une sous-variété du fibré $\tau_{\mathbb{R}^{m+k}} = (\mathbb{R}^{m+k})^2$. Cela permet de munir M^m d'une structure de variété riemannienne.

Si $v \in \tau_{M^m}$ $(v \in T_xM^m, x \in M^m)$, notons $\|v\|$ sa norme euclidienne.

Proposition 1.4.1.1 *Il existe sur M^m une métrique pour laquelle le groupe G est un groupe d'isométries.*

Preuve.

Considérons la fonction $\|\ \|_G : \tau_{M^m} \longrightarrow \mathbb{R}$ définie comme suit

$$\|v\|_G^2 = \frac{1}{|G|}\sum_{g\in G}\|g'(x).v\|^2$$

où $v \in T_xM^m$ et $|G|$ désigne l'ordre du groupe. On vérifie facilement que pour tout g dans G

$$\|g'(x).v\|_G = \|v\|_G$$

ce qui achève la preuve.

Les voisinages tubulaires dans les G-variétés.

Munissons (G, M^m) d'une métrique riemannienne d pour laquelle G est un groupe d'isométries, et considérons une sous-variété V compacte de M^m. Soit N un voisinage tubulaire de V de rayon $r > 0$. Sous ces hypothèses, on a

Proposition 1.4.1.2 *Si V est une sous-G-variété de (G, M^m), c.-à-d. $G.V = V$, alors le voisinage tubulaire N est invariant par l'action de G.*

Preuve.

Soit x dans N. Il existe $y \in V$ tel que $d(x,y) \leq r$. Comme

$$d(g(x), g(y)) = d(x,y) \leq r$$

et $g(y) \in V$, alors $g(x) \in N$.

Remarque 1.4.1.3 En particulier, le bord ∂N est invariant par l'action de G.

Sans perte de généralité, on peut supposer dans la suite que $r = 1$.

L'action du groupe G sur M^m induit une action sur l'espace total du fibré tangent τ_{M^m}

$$Tg : E(\tau_{M^m}) \longrightarrow E(\tau_{M^m})$$

donnée par

$$g'(x) : T_xM^m \longrightarrow T_{g(x)}M^m$$

pour tout x dans M^m. Comme la variété V est G-invariante, alors on a une action

$$g'(x) : T_xV \longrightarrow T_{g(x)}V$$

pour tous x et g dans V et dans G respectivement.

Pour la métrique d ainsi choisie $g'(x)$ est une transformation orthogonale de T_xM^m sur $T_{g(x)}M^m$ (une isométrie) pour tous x dans M^m et g dans G. En rappelant que $(T_xM^m)_{|V} \simeq T_xV \oplus (T_xV)^{\perp}$, $\forall\, x \in V$, on a alors

$$g'(x) : (T_xV)^{\perp} \longrightarrow (T_{g(x)}V)^{\perp} \qquad \forall\, x \in V$$

D'où

$$Tg : E(\nu_V) \longrightarrow E(\nu_V)$$

où ν_V désigne le fibré normal de V.

Notons $B\nu_V$ la boule unité de $E(\nu_V)$, i.e. : $B\nu_V = \{v \in E(\nu_V) \ ; \ \|v\| \leq 1\}$ (cela est possible car ν_V hérite du produit scalaire du fibré tangent τ_{M^m}).

Puisque G est un groupe d'isométries, l'application $exp : E(\nu_V) \longrightarrow N$ vérifie

$$g(exp_x(v)) = exp_{g(x)}(g'(x).v)$$

pour tout g dans G. Comme $\|g'(x).v\| = \|v\|$, on obtient alors une action de G sur $B\nu_V$ (cette remarque fournit une 2-ième méthode pour montrer que le voisinage tubulaire N est stable par G). Il en découle que l'application

$$exp : (G, B\nu_V) \longrightarrow (G, N)$$

est un difféomorphisme équivariant (on rappelle qu'on sait déjà que $exp : B\nu_V \longrightarrow N$ est un difféomorphisme).

Corollaire 1.4.1.4 *Soit (G, M^m) une G-variété compacte. Il existe un ouvert U de M^m qui est G-invariant et tel que $\partial M^m \subset U \subset M^m$, et un difféomorphisme équivariant*

$$h \ : \ U \longrightarrow \partial M^m \times [0, 1[$$

vérifiant $h(x) = (x, 0)$ pour tout x dans ∂M^m.

Preuve.

On sait qu'il existe un voisinage collier U de la sous-variété ∂M^m et un difféomorphisme (donné par l'application exponentielle)

$$h \ : \ U \longrightarrow \partial M^m \times [0, 1[$$

vérifiant $h(x) = (x, 0)$ pour tout x dans ∂M^m.

Comme ∂M^m est G-invariant, alors U est aussi G-invariant. L'équivariance de h est due à celle de l'application exp.

Remarque 1.4.1.5 Soient (G, M_1^m) et (G, M_2^m) deux G-variétés compactes et supposons qu'il existe un difféomorphisme équivariant

$$\varphi : (G, \partial M_1^m) \longrightarrow (G, \partial M_2^m)$$

On peut recoller (G, M_1^m) et (G, M_2^m) en identifiant leurs bords via l'application équivariante φ, et le corollaire 1.4.1.4 permet de mettre sur l'espace obtenu une structure de variété différentielle pour laquelle l'action de G est différentiable.

Quelques conséquences des différentes actions sur les variétés.

Soit G un groupe fini. On distingue deux types d'actions sur les variétés.

• *Les actions de G sans points fixes.*

Parmi ces actions figurent les actions libres, et dans ce cas le groupe G est un groupe proprement discontinu sans points fixes. On sait qu'alors l'application $p : M^m \longrightarrow M^m/G$ est un revêtement puisque pour tout x dans M^m, il existe un voisinage V_x contenant x tel que, pour tout $g \neq id$

$$V_x \cap gV_x = \emptyset$$

de sorte que

$$p^{-1}((p(V_x)) = \amalg_{g \in G} g(V_x)$$

et que $p_{|V_{g(x)}} : V_{g(x)} \longrightarrow p(V_{g(x)}) = p(V_x)$ est un homéomorphisme pour tout $g \in G$. Le couple $(p(V_x), p_{|V_x}^{-1})$, par exemple, est une carte topologique et M^m/G est une variété topologique.

Théorème 1.4.1.6 *Il existe sur la variété topologique M^m/G une unique structure différentielle pour laquelle la projection $p : M^m \longrightarrow M^m/G$ est un revêtement différentiable.*

Preuve.

La famille $(p(V_x), p_{|V_x}^{-1})$, $x \in M^m$, *est un atlas sur M^m*. Soit x et y deux points de M^m tels que $p(V_x) \cap p(V_y) \neq \emptyset$, et montrons que les cartes $(p(V_x), p_{|V_x}^{-1})$ et $(p(V_y), p_{|V_y}^{-1})$ sont compatibles, ou de manière équivalente que l'application

$$p_{|V_y}^{-1} \circ p_{|V_x} : p_{|V_x}^{-1}(p(V_x) \cap p(V_y)) \longrightarrow p_{|V_y}^{-1}(p(V_x) \cap p(V_y))$$

est de classe C^∞.

Vu que

$$p_{|V_x}^{-1}(p(V_x) \cap p(V_y)) = \amalg_{g \in G} V_x \cap g(V_y)$$

et que l'application $p_{|V_y}^{-1} \circ p_{|V_x}$ coïncide avec g^{-1} sur l'ouvert $V_x \cap g(V_y)$, on en déduit qu'elle est de classe C^∞. Par suite M^m/G est une variété différentielle.

Unicité. On suppose qu'il existe deux structures de variété différentielle sur M^m/G et notons p_1 et p_2 les surjections canoniques associées.

On a le diagramme commutatif suivant :

$$
\begin{array}{ccc}
 & M^m & \\
{}^{p_1} \swarrow & & \searrow {}^{p_2} \\
M^m/G \xrightarrow{\quad id \quad} & & M^m/G
\end{array}
$$

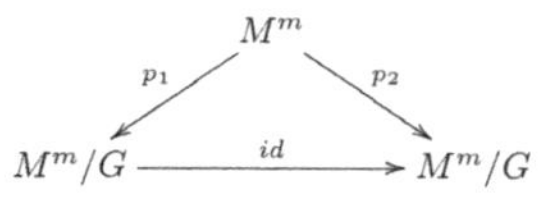

qui implique que $id : M^m/G \longrightarrow M^m/G$ est différentiable (car les p_i sont des difféomorphismes locaux).

Noter que ce résultat est indépendant de la compacité de la variété M^m.

•• Les actions de G avec points fixes.

Il existe un point x dans M^m tel que $g(x) = x$ pour tout g dans G, et soit

$$F = \{x \in M^m \text{ tel que } g(x) = x, \forall\, g \in G\}$$

l'ensemble des points fixes par G.

Théorème 1.4.1.7 *L'ensemble des points fixes F est une sous-variété de M^m. De plus*

$$F = \amalg_{i=0}^{m} F^i$$

où F^i est une sous-variété de M^m de dimension i (éventuellement vide), et F^m est une réunion finie de composantes connexes de M^m.

Preuve.

- Soit a un point de F. Nous affirmons qu'il existe un voisinage W_a de a invariant par G.
En effet, soit O_a un ouvert d'une carte différentiable autour de a. Si on pose $W_a = \bigcap_{g\in G} g(O_a)$, alors W_a est un voisinage non vide de a invariant par G.
Cela nous permet de travailler dans $\mathbb{R}^m$ sans perte de généralité.

- Soit V un ouvert de $\mathbb{R}^m$, G un groupe fini de difféomorphismes de V et $a \in F$. Considérons l'application $f : V \longrightarrow \mathbb{R}^m$ définie par

$$f(x) = \frac{1}{|G|} \sum_{g\in G} g'(a)[g^{-1}(x) - a]$$

On a trivialement $f \circ g = g'(a) \circ f$ et $f'(a) = id$. Le théorème d'inversion locale permet de dire qu'il existe un voisinage W_a de a dans V, un voisinage U_0 de 0 dans $\mathbb{R}^m$ et un difféomorphisme $\varphi : W_a \longrightarrow U_0$ vérifiant

$$\varphi \circ g = g'(a) \circ \varphi \qquad (*)$$

D'après ce qui précède, on peut choisir W_a stable par G, ce qui permet d'avoir $g(W_a) = W_a$ et $g'(a)U_0 = U_0$. On a alors le diagramme commutatif suivant

$$\begin{array}{ccc} W_a & \xrightarrow{g} & W_a \\ \downarrow \varphi & & \downarrow \varphi \\ U_0 & \xrightarrow{g'(a)} & U_0 \end{array}$$

Pour tout x dans $W_a \cap F$, on a

$$\varphi\,(g(x)) = g'(a)\,(\varphi(x))$$

ce qui équivaut à

$$\varphi(x) = g'(a)(\varphi(x))$$

et donc $\varphi(W_a \cap F) \subset \varphi(W_a) \cap ker(g'(a) - id)$.

Réciproquement, si $y \in \varphi(W_a) \cap ker(g'(a) - id)$, alors il existe $x \in W_a$ tel que $y = \varphi(x)$ et $g'(a)(\varphi(x)) = \varphi(x) = \varphi(g(x))$ par la relation $(*)$. Ce qui implique que $g(x) = x$ puisque φ est injective sur W_a.
D'où $\varphi(W_a) \cap ker(g'(a) - id) \subset \varphi(W_a \cap F)$.

On vient de prouver que, pour tout a dans F, il existe un voisinage W_a de a et un difféomorphisme φ de W_a dans $\mathbb{R}^m$ tel que

$$\varphi(W_a \cap F) = \varphi(W_a) \cap ker(g'(a) - id)$$

On conclut alors que F est une sous-variété de M^m.

- Supposons que $F^m \neq \emptyset$. Puisque $g_{|F^m} = id_{|F^m}$ pour tout g dans G, on peut dire que

$$F^m = \{x \in M^m \; ; \; g(x) = x \text{ et } g'(x) = id_{T_xF^m} = id_{T_xM^m} \; , \; g \in G\}$$

Il est clair que F^m est un fermé de M^m.

Par ailleurs, F^m est une sous-variété sans bord de M^m de dimension m. C'est donc un ouvert de M^m.
La sous-variété F^m est à la fois ouverte et fermée. Elle est donc réunion finie de composantes connexes.

Remarques 1.4.1.8

1. Suite à la décomposition précédente de l'ensemble des points fixes F, les sous-variétés F^i sont fermées pour tout $0 \leq i \leq m$. En particulier, F est une sous-variété fermée (c'est une réunion disjointe finie de sous-variétés fermées).
2. Cas où le groupe G est abélien : Si H est un sous-groupe de G et F est l'ensemble de ses points fixes (que l'on suppose non vide), alors F est stable par l'action de G/H (c'est un groupe puisque H est un sous-groupe distingué, vu que G est abélien). En effet, Soit h dans H, g dans G/H et x dans F. On a

$$h \circ g(x) = g \circ h(x) = g(x)$$

   On en déduit que $g(x) \in F$, et cela est valable pour tous g dans G/H et x dans F, ce qui démontre l'assertion.

Conséquence.

Considérons l'ensemble $F = \amalg_{i\leq 0}^{m} F^i$ des points fixes de G (on supposera ici que $F^m = \emptyset$). C'est une sous-variété fermée de M^m, invariante sous l'action de G.
Puisque F est compacte, on peut la cerner par un voisinage tubulaire N, et ce comme suit :

Soit N_i un voisinage tubulaire de F_i de rayon $r_i > 0$, $0 \leq i < m$. Pour r convenablement choisi (de sorte que $N_i \cap N_j = \emptyset$ si $i \neq j$), le voisinage tubulaire N de F et de rayon r (on peut supposer que $r = 1$) est donné par

$$N = \amalg_{i=0}^{m-1} N_i$$

Ce choix est possible puisque les voisinages tubulaires sont compacts et sont en nombre fini.
Cette construction est naturelle car :
Si ν_i est le fibré normal associé à F^i, pour $i < m$, alors on a

$$\nu_F = \cup_{i<m} \nu_i \quad \text{et} \quad S\nu_F = \cup_{i<m} S\nu_i$$

en notant que $S\nu_i$ est le fibré normal sphérique de la variété F^i.
Rappelons que le groupe G agit sans points fixes dans sur ∂N, et le difféomorphisme équivariant

$$exp : (G, S\nu_F) \longrightarrow (G, \partial N)$$

permet de dire que G agit sans points fixes sur la sphère unité $S\nu_F$ du fibré normal de F.

1.4.2 Cohomologie équivariante.

Question. Etant donné une action d'un groupe fini G sur un espace X, est-ce que son action est libre ?
L'objet du paragraphe suivant est de développer certains outils qui permettent de répondre à cette question pour un CW-complexe fini. L'étude ci-après sera d'ordre cohomologique, il suffit donc de travailler à une équivalence d'homotopie équivariante près.

Construction de Borel.

Soit G un groupe fini et X un G-CW-complexe. Parce que l'action de G sur X peut ne pas être libre, Borel a remplacé l'espace X par un G-espace libre qui lui est homotopiquement équivalent, à savoir $X \times EG$: le groupe G agit librement sur EG, ce qui fait que l'action naturelle

$$\begin{array}{ccc} G \times (X \times EG) & \longrightarrow & X \times EG \\ (g, (x, e)) & \mapsto & g(x, e) = (gx, ge) \end{array}$$

est libre.

Définition 1.4.2.1 L'espace de Borel est le quotient homotopique du G-CW-complexe X

$$X_{hG} = X \times_G EG = (X \times EG)/G$$

On définit la cohomologie équivariante de X à coefficients dans un G-module unitaire A par

$$H_G^*(X\,; A) = H^*(X_{hG}\,; A)$$

Diagramme de Borel.

$$\begin{array}{ccccc} EG & \xleftarrow{\tilde{\pi}} & X \times EG & \xrightarrow{\tilde{p}} & X \\ \downarrow & & \downarrow & & \downarrow \\ BG & \xleftarrow{\pi} & X \times_G EG & \xrightarrow{p} & X/G \end{array}$$

Propriétés.

1. Supposons que le groupe G agit librement sur X. Comme le fibré quotient $X \times_G EG \longrightarrow X/G$ (à partir du fibré $X \times EG \longrightarrow X$) est de fibre l'espace contractile EG, alors il existe une section continue $X/G \longrightarrow X \times_G EG$. Par suite, l'application $p : X \times_G EG \longrightarrow X/G$ est une équivalence d'homotopie, ce qui donne en particulier :

$$H^*_G(X\,;A) = H^*(X_{hG}\,;A) \simeq H^*(X/G\,;A)$$

2. Soit H un sous-groupe distingué de G qui agit librement sur X. Le groupe G/H agit sur X/H et on a

$$H^*_G(X\,;A) = H^*_{G/H}(X/H\,;A)$$

En effet, le groupe G opère librement sur l'espace $E(G/H)$ via la surjection canonique $p : G \longrightarrow G/H$.

Cela induit une action libre de G sur l'espace contractile $E(G/H) \times EG$ par l'action

$$\begin{array}{ccc} G \times (E(G/H) \times EG) & \longrightarrow & E(G/H) \times EG \\ (g, (x, y)) & \mapsto & (p(g)x, gy) \end{array}$$

Puisque les espaces contractiles sur lesquels G opère librement sont homotopiquement équivalents [9], alors on a les équivalences d'homotopie (équivariantes)

$$X_{hG} \overset{eq.h}{\cong} X \times_G (E(G/H) \times EG) \overset{eq.h}{\cong} X \times_G E(G/H)$$

Or $X \times_G E(G/H) = (X/H) \times_{(G/H)} E(G/H) = (X/H)_{h(G/H)}$, ce qui donne

$$X_{hG} \overset{eq.h}{\cong} (X/H)_{h(G/H)}$$

Le résultat est alors immédiat.

3. L'application $\pi : X \times_G EG \longrightarrow BG$ implique que $H^*_G(X\,;A) = \oplus_{i\geq 0} H^i_G(X\,;A)$ est un $H^*(BG\,;A)$-module :

$$\begin{array}{ccc} H^*(BG\,;A) \times H^*_G(X\,;A) & \longrightarrow & H^*_G(X\,;A) \\ (x, y) & \mapsto & \pi^*(x) \smile y := x.y \end{array}$$

9. Voir le corollaire suivant.

Exemple 1.4.2.2 La cohomologie équivariante de la sphère S^n par l'action antipodale de $\mathbb{Z}_2$

$$H^*_{\mathbb{Z}_2}(S^n\,;\mathbb{Z}_2) = H^*(S^n/\mathbb{Z}_2\,;\mathbb{Z}_2) = H^*(\mathbb{R}P^n\ ;\mathbb{Z}_2) = \mathbb{Z}_2[x]/\left(x^{n+1}\right) := \mathbb{Z}_2[x]_{\leq n}$$

Remarque 1.4.2.3 La propriété 1. permet d'interpréter la cohomologie équivariante comme un indicateur du défaut de liberté de l'action du groupe G sur un CW-complexe X donné :

Si $H^*_G(X\,;A) \ncong H^*(X/G\,;A)$ alors G n'opère pas librement sur X

Conséquence.

Soit X un G-CW-complexe libre et fini et A un G-module unitaire. Il est alors immédiat que :

$$H^i_G(X\,;A) = H^i(X/G\,;A) = 0$$

pour $i >\ dim\ X$. Il en découle que l'anneau gradué

$$H^*_G(X\,;A) = \oplus_{i\geq 0} H^i_G(X\,;A)$$

est fini (nul à partir d'un certain rang).

Le fibré $X/G \longrightarrow X_{hG}$ est de fibre l'espace contractile EG, alors il existe toujours des sections, et toutes les sections sont homotopes. Cela implique

Théorème 1.4.2.4 *Soit X un G-CW-complexe libre. Toute section $s : X/G \longrightarrow X_{hG}$ détermine une application équivariante $h : X \longrightarrow EG$ qui rend commutatif le diagramme suivant*

$$\begin{array}{ccc} X & \xrightarrow{h} & EG \\ \downarrow & & \downarrow \\ X/G & \xrightarrow{f} & BG \end{array}$$

avec $f = \pi \circ s$ (voir le diagramme de Borel). En outre, la classe d'homotopie de l'application h est indépendante du choix de la section.

Preuve.

Soit $s : X/G \longrightarrow X_{hG}$ une section. Un élément de X_{hG} est une orbite $\{(gx, ge)\ ;\ g \in G\} \subset G.x \times EG$ qu'on peut identifier au graphe d'une application équivariante de $h : G.x \longrightarrow EG$. Comme $X = \amalg_{x\in X} G.x$, on peut définir l'application équivariante $h : X \longrightarrow EG$ par la relation

$$s(G.x) = G.(x, h(x))$$

Corollaire 1.4.2.5 *Si E_1G et E_2G sont deux espaces sur lesquels un groupe G opère librement, alors il existe deux applications équivariantes*

$$\phi_1 : E_1G \longrightarrow E_2G\ \ ;\ \ \phi_2 : E_2G \longrightarrow E_1G$$

telles que $\phi_1 \circ \phi_2$ et $\phi_2 \circ \phi_1$ sont homotopes aux applications identités.

1.4.3 Quelques propriétés des actions libres du groupe $\mathbb{Z}_2^k$ sur un CW-complexe fini.

Le cas du groupe $\mathbb{Z}_2$.

Soit X un $\mathbb{Z}_2$-CW-complexe libre fini. Nous cherchons, dans l'étude qui suit, à dégager des informations sur $H^*_{\mathbb{Z}_2}(X\ ;\mathbb{Z}_2)$.
Par abus d'écriture, on notera $H^*_{\mathbb{Z}_2}X$ au lieu de $H^*_{\mathbb{Z}_2}(X\ ;\mathbb{Z}_2)$ et on rappelle que $H^*(\mathbb{R}P^\infty\ ;\mathbb{Z}_2)\simeq \mathbb{Z}_2[x]$.

Puisque l'action de $\mathbb{Z}_2$ sur X est libre, alors l'application $p : X \longrightarrow X_{h\mathbb{Z}_2}$ est un revêtement à deux feuillets. On sait qu'alors on peut associer à ce revêtement la suite exacte courte $G(\mathbb{Z}_2, X)$:

$$0\longrightarrow \frac{H^*_{\mathbb{Z}_2}X}{x.H^*_{\mathbb{Z}_2}X} \xrightarrow{p^*} H^*X \xrightarrow{\phi^{-1}\delta} ker\left(H^*\mathbb{Z}_2, H^*_{\mathbb{Z}_2}X\right) \longrightarrow 0$$

Notations. Posons $\frac{H^*_{\mathbb{Z}_2}X}{x.H^*_{\mathbb{Z}_2}X} := \overline{H^*_{\mathbb{Z}_2}X}$ et $ker\left(H^*\mathbb{Z}_2, H^*_{\mathbb{Z}_2}X\right) := \tau_{H^*_{\mathbb{Z}_2}X}$.

Etude de la suite exacte $G(\mathbb{Z}_2, X)$.

On rappelle que la dimension d'un espace vectoriel gradué est donnée par la somme des dimensions de ses espaces vectoriels en chaque degré.

Proposition 1.4.3.1 *Soit X un $\mathbb{Z}_2$-CW-complexe libre fini. Alors*

1. *L'espace $\overline{H^*_{\mathbb{Z}_2}X}$ est une $\mathbb{Z}_2$-algèbre graduée de dimension finie.*
2. *On a l'égalité :*

$$dim_{\mathbb{Z}_2}\ \tau_{H^*_{\mathbb{Z}_2}X} = dim_{\mathbb{Z}_2}\ \overline{H^*_{\mathbb{Z}_2}X} = \frac{1}{2} dim_{\mathbb{Z}_2}\ H^*X$$

Preuve.

1. La multiplication par x est un endomorphisme du $\mathbb{Z}_2$-espace vectoriel fini $H^*_{\mathbb{Z}_2}X$, ce qui fait de $x.H^*_{\mathbb{Z}_2}X$ un sous-espace vectoriel de $H^*_{\mathbb{Z}_2}X$. Il est maintenant immédiat que l'espace quotient $\overline{H^*_{\mathbb{Z}_2}X}$ est un $\mathbb{Z}_2$-espace vectoriel de dimension finie.
De plus, dans l'espace $\overline{H^*_{\mathbb{Z}_2}X}$, le cup produit induit une multiplication qui le munit d'une structure de $\mathbb{Z}_2$-algèbre graduée, car si $x.y \in x.H^*_{\mathbb{Z}_2}X$ alors

$$x.y \smile z = x \smile y \smile z = x.(y \smile z)$$

grâce à l'associativité du cup produit.

2. Il est à remarquer que sous ces hypothèses, le noyau $\tau_{H^*_{\mathbb{Z}_2}X}$ est non vide : Si u est un élément non nul du $\mathbb{Z}_2$-espace vectoriel fini $H^*_{\mathbb{Z}_2}X$, alors il existe un entier n tel que $x.x^n u = 0$, quitte à prendre $n = dim\ X$.

D'après 1, on a

$$dim_{\mathbb{Z}_2}\, \tau_{H^*_{\mathbb{Z}_2}X} + dim_{\mathbb{Z}_2}\, Im(.x) = dim_{\mathbb{Z}_2}\, H^*_{\mathbb{Z}_2}X$$

Il en découle que

$$\begin{aligned} dim_{\mathbb{Z}_2}\, \overline{H^*_{\mathbb{Z}_2}X} &= dim_{\mathbb{Z}_2}\, H^*_{\mathbb{Z}_2}X - dim_{\mathbb{Z}_2}\, Im(.x) \\ &= dim_{\mathbb{Z}_2}\, \tau_{H^*_{\mathbb{Z}_2}X}. \end{aligned}$$

- Comme les termes de la suite $G(\mathbb{Z}_2, X)$ sont des espaces vectoriels, alors cette suite est scindée, et on a

$$\frac{H^i_{\mathbb{Z}_2}X}{x.H^{i-1}_{\mathbb{Z}_2}X} \oplus ker\left(H^i\mathbb{Z}_2, H^i_{\mathbb{Z}_2}X\right) \cong H^iX$$

pour tout i, ce qui justifie la seconde égalité.

Remarques 1.4.3.2

- On a en particulier la dimension sur $\mathbb{Z}_2$ de H^*X est paire.
- Contrairement à l'application p^*, l'application $\phi^{-1}\delta$ n'est pas un homomorphisme de $\mathbb{Z}_2$-algèbres graduées. Néanmoins, elle vérifie la formule

  $$\phi^{-1}\delta\,(p^*u \smile v) = u \smile \phi^{-1}\delta(v)$$

  Cela découle du fait que $\delta(u \smile v) = \delta u \smile v + u \smile \delta v$ en mod 2 et que $\delta \circ p^* = 0$.

Le cas du groupe $\mathbb{Z}_2^k$.

Les groupes abéliens élémentaires isomorphes à $\mathbb{Z}_2^k$ seront notés par V_k.

Soit X un V_k-CW-complexe libre et fini. On peut écrire $V_k \simeq V_{k-1} \oplus V_1$ tel que $H^*V_1 \simeq \mathbb{Z}_2[x]$. Le groupe V_1 opère librement sur $X_{hV_{k-1}}$, d'où la suite exacte de Gysin $G(V_1, X_{hV_{k-1}})$

$$0 \longrightarrow \frac{H^*_{V_1}X_{hV_{k-1}}}{x.H^*_{V_1}X_{hV_{k-1}}} \xrightarrow{p^*} H^*X_{hV_{k-1}} \xrightarrow{\phi^{-1}\delta} ker\left(H^*V_1, H^*_{V_1}X_{hV_{k-1}}\right) \longrightarrow 0$$

avec $ker\left(H^*V_1, H^*_{V_1}X_{hV_{k-1}}\right) = ker\left(.x : H^*_{V_1}X_{hV_{k-1}} \longrightarrow H^*_{V_1}X_{hV_{k-1}}\right) := \tau_{H^*_{V_1}X_{hV_{k-1}}}$ et nous noterons par $\overline{H^*_{V_1}X_{hV_{k-1}}}$ l'espace $\frac{H^*_{V_1}X_{hV_{k-1}}}{x.H^*_{V_1}X_{hV_{k-1}}}$.

Cette suite est une suite exacte de H^*V_{k-1}-modules :

On a trivialement que $H^*X_{hV_{k-1}}$ et $\tau_{H^*_{V_1}X_{hV_{k-1}}}$ sont des H^*V_{k-1}-modules. Par ailleurs,

$$\overline{H^*_{V_1}X_{hV_{k-1}}} \simeq \frac{H^*_{V_k}X}{x.H^*_{V_k}X}$$

et

$$\overline{H^*V_k} \simeq \frac{\mathbb{Z}_2[x_1, \ldots, x_{k-1}, x]}{x.\mathbb{Z}_2[x_1, \ldots, x_{k-1}, x]} \simeq \mathbb{Z}_2[x_1, \ldots, x_{k-1}] \simeq H^*V_{k-1}$$

alors le $\overline{H^*V_k}$-module $\overline{H^*_{V_1}X_{hV_{k-1}}}$ est un H^*V_{k-1}-module.

De plus, si $(S^\infty)^{\times(k-1)}$ désigne le produit de $(k-1)$-copies de la sphère S^∞, alors le groupe V_{k-1} agit librement sur $X \times S^{\infty\ \times(k-1)}$ et X_{hV_1}, et la projection $\widetilde{p} : X \times (S^\infty)^{\times(k-1)} \longrightarrow X_{hV_1}$ est une application équivariante $\widetilde{p}$ qui fait commuter le diagramme

$$\begin{array}{ccc} X \times (S^\infty)^{\times(k-1)} & \xrightarrow{\widetilde{p}} & X_{hV_1} \\ \downarrow & & \downarrow \\ X_{hV_{k-1}} & \xrightarrow{p} & X_{hV_k} \end{array}$$

Soit $\widetilde{\pi_1} : X \times S^{\infty\ \times(k-1)} \longrightarrow S^{\infty\ \times(k-1)}$ et $\widetilde{\pi_2} : X_{hV_1} \longrightarrow S^{\infty\ \times(k-1)}$ (voir le diagramme de Borel). On a $\widetilde{\pi_1} = \widetilde{\pi_2} \circ \widetilde{p}$ et par passage au quotient obtient le diagramme commutatif

$$\begin{array}{ccc} X_{hV_{k-1}} & \xrightarrow{p} & X_{hV_k} \\ & \searrow^{\pi_1} & \downarrow{\scriptstyle \pi_2} \\ & & BV_{k-1} \simeq (\mathbb{R}P^\infty)^{k-1} \end{array}$$

On a donc $\pi_1^* = p^* \circ \pi_2^*$, ce qui donne pour tout $x \in H^*V_{k-1}$

$$p^*(x \smile y) = p^*(\pi_2^* x) \smile p^* y = \pi_1^* x \smile p^* y = x \smile p^* y$$

Par conséquent, l'application p^* est H^*V_{k-1}-linéaire.

Considérons le diagramme commutatif suivant

$$\begin{array}{ccc} \overline{H^*_{V_1}X_{hV_{k-1}}} & \xrightarrow{p^*} & H^*X_{hV_{k-1}} \\ \uparrow{\scriptstyle \overline{\pi^*}} & \circlearrowleft & \uparrow{\scriptstyle \pi^*} \\ \overline{H^*V_k} & \xrightarrow[\gamma]{\simeq} & H^*V_{k-1} \end{array}$$

Grâce aux égalités $\pi^* = p^* \circ (\overline{\pi^*} \circ \gamma^{-1})$ et $\phi^{-1}\delta\,(p^*u \smile v) = u \smile \phi^{-1}\delta(v)$, l'homomorphisme de groupes $\phi^{-1}\delta$ est aussi H^*V_{k-1}-linéaire puisque

$$\begin{aligned} \phi^{-1}\delta(\pi^* x_i \smile v) &= \phi^{-1}\delta((p^* \circ \overline{\pi^*} \circ \gamma^{-1})(x_i) \smile v) \\ &= (\overline{\pi^*} \circ \gamma^{-1})x_i \smile \phi^{-1}\delta(v) \\ &= x_i \smile \phi^{-1}\delta(v) \end{aligned}$$

Chapitre 2

Les Groupes de Bordisme

Dans ce chapitre, on s'intéressera à la classe des variétés différentielles compactes, notamment aux variétés fermées, c'est-à-dire les variétés compactes sans bord.
On notera par Var_f la classe des variétés différentielles fermées.
Problème de bordisme. Soit M^m une variété différentielle fermée. Est-elle une variété bord ? C.-à-d. existe-t-il une variété compacte B^{m+1} telle que

$$M^m = \partial B^{m+1}?$$

2.1 Groupes de bordisme de Thom.

2.1.1 La relation de bordisme.

Définition 2.1.1.1

1. On dit qu'une variété M^m dans Var_f borde s'il existe une variété compacte B^{m+1} telle que le bord ∂B^{m+1} est difféomorphe à M^m.
2. Soit M_1^m et M_2^m deux variétés de Var_f. Elles sont dites bordantes s'il existe une variété compacte B^{m+1} telle que ∂B^{m+1} est difféomorphe à la réunion disjointe $M_1^m \amalg M_2^m$.

Proposition 2.1.1.2 *La relation de bordisme, notée $\sim$, est une relation d'équivalence dans Var_f.*

Preuve.
Réflexivité. Soit M^m dans Var_f et $I = [0,1]$. On alors $\partial(I \times M^m) = \{1\} \times M^m \amalg \{0\} \times M^m$.
Symétrie. Triviale.
Transitivité. Soit M_1^m, M_2^m et M_3^m des variétés de Var_f telles que $M_1^m \sim M_2^m$ et $M_2^m \sim M_3^m$. Il existe donc deux variétés B_1^{m+1} et B_2^{m+1} compactes telles que

$$\partial B_1^{m+1} = M_1^m \amalg M_2^m \text{ et } \partial B_2^{m+1} = M_2^m \amalg M_3^m$$

Considérons $B^{m+1} = B_1^{m+1} \cup_i B_2^{m+1}$, avec $i : M_2^m \hookrightarrow B_i^{m+1}$ est l'inclusion.
Les voisinages colliers permettent de construire deux ouverts U_1 et U_2 dans B_1^{m+1} et B_2^{m+1} respectivement, contenant chacun M_2^m, et deux difféomorphismes

$$g_1 \ : \ U_1 \longrightarrow M_2^m \times]-1,0], \ g_2 \ : \ U_2 \longrightarrow M_2^m \times [0,1[$$

qui vérifient

$$g_i(x) = (x,0) \quad \forall x \in M_2^m \ , \ i = 1,2$$

On munit $U_1 \cup U_2$ de la structure différentielle qui rend la bijection

$$g : U_1 \cup U_2 \longrightarrow M_2^m \times]-1,1[\quad ; \quad g_{|U_i} = g_i$$

un difféomorphisme. On obtient ainsi une carte compatible avec celles de B_1^{m+1} et B_2^{m+1}.
Il en résulte que la réunion des ouverts $U_1 \cup U_2$ et $B^{m+1} \setminus M_2^m$ est une variété différentielle ($= B^{m+1}$) de bord $M_1^m \amalg M_3^m$, ce qui donne le résultat.

Notations. Dans l'ensemble quotient $Var_f/\sim$, on désignera par $\mathfrak{N}_m$ la collection des classes d'équivalence $[M^m]_2$ des variétés M^m de dimension m.

2.1.2 Une structure de groupe abélien.

On peut munir $\mathfrak{N}_m$ d'une structure de groupe abélien dont la loi + est donnée par :

$$[M_1^m]_2 + [M_2^m]_2 = [M_1^m \amalg M_2^m]_2$$

pour tous $[M_1^m]_2$ et $[M_2^m]_2$ dans $\mathfrak{N}_m$.
On vérifie sans difficulté que si M_1^m est un bord, alors

$$[M_1^m]_2 + [M_2^m]_2 = [M_2^m]_2 + [M_1^m]_2 = [M_2^m]_2$$

L'élément neutre est donc donné par la classe des variétés qui bordent. Cela implique que

$$[M^m]_2 + [M^m]_2 = 0$$

2.1.3 L'algèbre graduée $\mathfrak{N}_*$.

Soit M_1^m et M_2^n deux variétés fermées. Le produit cartésien $(M_1^m, M_2^n) \mapsto M_1^m \times M_2^n$ définit une variété différentielle fermée de dimension $m+n$. Cela permet de définir une opération associative et bilinéaire

$$\begin{array}{cccc} \times \ : & \mathfrak{N}_m \times \mathfrak{N}_n & \longrightarrow & \mathfrak{N}_{m+n} \\ & ([M_1^m]_2, [M_2^n]_2) & \mapsto & [M_1^m \times M_2^n]_2 \end{array}$$

Posons $\mathfrak{N}_* = \oplus_{n\geq 0}\mathfrak{N}_n$. Il découle de ce qui précède qu'on peut munir $\mathfrak{N}_*$ d'une structure d'anneau gradué et unitaire (comme $M^m \times \{pt\} \cong M^m$ pour tout $M^m \in \mathfrak{N}_m$, alors $[pt]_2 \in \mathfrak{N}_0$ définit l'élément neutre dans $\mathfrak{N}_*$).
Par ailleurs, tout élément de $\mathfrak{N}_m$, $m > 0$, est d'ordre 2. Chaque groupe $\mathfrak{N}_m$, $m > 0$, est donc un $\mathbb{Z}_2$-espace vectoriel, ce qui permet de munir $\mathfrak{N}_*$ d'une structure supplémentaire de $\mathbb{Z}_2$-algèbre commutative et unitaire.

Exemples de groupes de bordisme.

1. $\mathfrak{N}_0 \simeq \mathbb{Z}_2$. Les variétés différentielles fermées de dimensions 0 sont les ensembles finis de points. Comme chaque deux points peuvent être reliés par une courbe, alors dès qu'on dispose d'un nombre pair de points, la variété est un bord.
2. $\mathfrak{N}_1 = 0$. Les seules variétés différentielles fermées de dimensions 1 sont les réunions disjointes de cercles. Ce sont les bords des disques et on peut les réaliser comme le bord de différentes variétés compactes, comme le montre la figure 2.1.

FIGURE 2.1 –

3. $\mathfrak{N}_2 \simeq \mathbb{Z}_2$. La classification des surfaces donne que toute variété fermée de dimension 2 est la sphère S^2+ anses, ou bien la bouteille de Klein $K+$ anses, ou encore $\mathbb{R}P^2+$ anses. Les deux premières surfaces sont des bords [1], par contre la troisième ne l'est pas.

Remarque 2.1.3.1

Si la variété fermée M^m est un bord, c'est-à-dire si $M^m = \partial B^{m+1}$, alors sa caractéristique d'Euler-Poincaré est paire ; i.e :

$$\chi(M^m) \equiv 0 \ mod\, 2$$

Par exemple, la caractéristique d'Euler-Poincaré de l'espace projectif $\mathbb{R}P^2$ est égale à 1 ; il en découle que $\mathbb{R}P^2$ n'est pas un bord.
Il en est de même du produit $\mathbb{R}P^2 \times \mathbb{R}P^2 \times \cdots \times \mathbb{R}P^2$ puisque la caractéristique du produit est égale au produit des caractéristiques.
De façon plus générale, la dualité de Poincaré donne que $\mathbb{R}P^{2n}$ n'est pas un bord.

1. Pour la bouteille de Klein, on pourra voir le chapitre suivant.

2.1.4 Nombres de Stiefel-Whitney et bordisme.

La classe fondamentale en homologie.

Soit M^m une variété différentielle compacte, et soit M^m_c une composante connexe de M^m.
Si la variété M^m est orientable, alors chaque composante connexe de M^m est orientable, et on sait qu'alors le groupe d'homologie $H_m(M^m_c, \partial M^m_c\ ;\mathbb{Z}) \simeq \mathbb{Z}$. A toute orientation de la variété M^m correspond donc un générateur $\mu^c_{M^m}$ des groupes $H_m(M^m_c, \partial M^m_c\ ;\mathbb{Z})$.
Comme

$$H_m(M^m, \partial M^m\ ;\mathbb{Z}) \simeq \oplus_c H_m(M^m_c, \partial M^m_c\ ;\mathbb{Z})$$

alors la classe $\mu_{M^m} = \sum_c \mu^c_{M^m}$ est appelée la classe fondamentale en homologie de la variété orientée M^m.

D'autre part, si la variété M^m est orientable, alors le bord ∂M^m est également orientable, de plus, toute orientation de M^m induit une orientation de ∂M^m grâce à l'opérateur de bord ∂ : $H_m(M^m, \partial M^m\ ;\mathbb{Z}) \longrightarrow H_{m-1}(\partial M^m\ ;\mathbb{Z})$. Il s'ensuit que l'image de la classe fondamentale de M^m par ∂ est la classe fondamentale de ∂M^m.

Remarquons que si on travaille modulo 2, la classe fondamentale est définie de manière unique, même si M^m n'est pas orientable puisqu'on a toujours l'isomorphisme $H_m(M^m_c, \partial M^m_c\ ;\mathbb{Z}_2) \simeq \mathbb{Z}_2$.

Nombres de Stiefel-Whitney.

Soit M^m une variété différentielle fermée de dimension m et soit $\mu_{M^m} \in H_m(M^m\ ;\mathbb{Z}_2)$ sa classe fondamentale. Si c désigne une classe de cohomologie quelconque dans $H^m(M^m\ ;\mathbb{Z}_2)$, alors

$$\langle c, \mu_{M^m}\rangle \in \mathbb{Z}_2$$

où $\langle\ ,\ \rangle$ désigne l'indice de Kronecker : $\langle c, \mu_{M^m}\rangle$ est l'évaluation de μ_{M^m} par c.

Soit $r_1, \ldots, r_m$ des entiers positifs vérifiant $r_1 + 2r_2 + \cdots + mr_m = m$. Alors pour tout fibré vectoriel ξ au dessus de M^m

$$w_1(\xi)^{r_1}.w_2(\xi)^{r_2} \ldots w_m(\xi)^{r_m} \in H^m(M^m\ ;\mathbb{Z}_2)$$ [2]

Définition 2.1.4.1

Si τ_{M^m} est le fibré tangent de la variété fermée M^m, alors pour toute partition $r_1, \ldots, r_m$ vérifiant la condition ci-dessus, les entiers (mod 2)

$$\langle w_1(\tau_{M^m})^{r_1}.w_2(\tau_{M^m})^{r_2} \ldots w_m(\tau_{M^m})^{r_m}, \mu_{M^m}\rangle \text{ ou encore } w_1^{r_1}.w_2^{r_2} \ldots w_m^{r_m}[M^m]$$

sont appelés les nombres de Stiefel-Whitney associés à la variété M^m.

2. $a.b$ désigne $a \smile b$.

Théorème 2.1.4.2 ***Théorème de Thom-Pontrjagin.***
Une variété différentielle fermée M^m est un bord si, et seulement si, tous ses nombres de Stiefel-Whitney sont nuls.

Preuve.

La variété M^m est un bord, il existe donc une variété différentielle B^{m+1}, compacte et de dimension $m+1$, telle que $\partial B^{m+1} = M^m$. On sait que si $\mu_{B^{m+1}}$ est la classe fondamentale de la paire (B^{m+1}, M^m), alors $\partial\mu_{B^{m+1}} = \mu_{M^m}$. Par suite

$$\langle w_1^{r_1}.w_2^{r_2}\dots w_m^{r_m}[M^m], \mu_{M^m}\rangle = \langle \delta(w_1^{r_1}.w_2^{r_2}\dots w_m^{r_m}[M^m]), \mu_{B^{m+1}}\rangle$$

Par ailleurs, la variété B^{m+1} est riemannienne et on a

$$\tau_{B^{m+1}|M^m} \simeq \tau_{M^m} \oplus \nu_{M^m} \simeq \tau_{M^m} \oplus \varepsilon^1$$

où ν_{M^m} désigne le fibré normal de la sous-variété M^m. Il vient que

$$w_i(\tau_{B^{m+1}|M^m}) = w_i(\tau_{M^m})$$

Si $i : M^m \hookrightarrow B^{m+1}$ est l'inclusion, alors $\tau_{B^{m+1}|M^m} = i^*\tau_{B^{m+1}}$.
Par suite $w_i(\tau_{M^m}) = i^*\,(w_i(\tau_{B^{m+1}}))$, ce qui donne

$$w_1^{r_1}.w_2^{r_2}\dots w_m^{r_m}[M^m] = i^*(w_1^{r_1}.w_2^{r_2}\dots w_m^{r_m}[B^{m+1}])$$

La suite exacte de la paire en cohomologie

$$H^k(B^{m+1}) \xrightarrow{i^*} H^k(M^m) \xrightarrow{\delta} H^{k+1}(B^{m+1}, M^m)$$

implique que

$$\delta(w_1^{r_1}.w_2^{r_2}\dots w_m^{r_m}[M^m]) = \delta\circ i^*(w_1^{r_1}.w_2^{r_2}\dots w_m^{r_m}[B^{m+1}]) = 0$$

ce qui achève la démonstration de la condition nécessaire.
Pour la condition nécéssaire on pourra se référer à [Sto].

Corollaire 2.1.4.3 *Deux variétés différentielles fermées sont bordantes si, et seulement si, leurs nombres de Stiefel-Whitney sont égaux.*

Remarque 2.1.4.4 Notons que si les fibrés tangents de deux variétés différentielles fermées M_1^m et M_2^m ont les mêmes classes de Stiefel-Whitney, leurs nombres de Stiefel-Whitney sont alors égaux. Par suite, M_1^m et M_2^m sont bordantes.

2.2 Bordisme singulier.

Dans cette partie, nous soulèverons le problème suivant :
Soit (X, A) une paire d'espaces topologiques[3]. Quels cycles $x \in H_i(X, A\, ; \mathbb{Z}_2)$ sont images continues de variétés différentielles compactes ?

Définition 2.2.1

1. On dit que le couple (M^m, f) est une m-variété singulière en (X, A) si M^m est une variété compacte et l'application
$$f : (M^m, \partial M^m) \longrightarrow (X, A)$$
est continue.
2. On dit que la m-variété singulière (M^m, f) borde en (X, A) s'il existe une variété compacte de dimension $m + 1$, notée (B^{m+1}, F), telle que
   - M^m est une sous-variété différentielle de ∂B^{m+1} $(M^m \subset \partial B^{m+1})$.
   - L'application $F_{|M^m} = f$ et $F(\partial B^{m+1} \setminus M^m) \subset A$.
3. La réunion disjointe de deux variétés singulières (M_1^m, f_1) et (M_2^m, f_2) est notée $(M_1^m \amalg M_2^m, f_1 \amalg f_2)$ où l'application $f_1 \amalg f_2 : (M_1^m \amalg M_2^m, \partial(M_1^m \amalg M_2^m)) \longrightarrow (X, A)$ est donnée par
$$f_1 \amalg f_{2|M_1^m} = f_1 \text{ et } f_1 \amalg f_{2|M_2^m} = f_2$$
Deux variétés singulières (M_1^m, f_1) et (M_2^m, f_2) sont alors bordantes si $(M_1^m \amalg M_2^m, f_1 \amalg f_2)$ borde en (X, A).

Remarques 2.2.2

1. Si $A = \emptyset$ alors $\partial M^m = \emptyset$ et toutes les inclusions qui interviennent dans la définition ci-haut deviennent des égalités.
2. Si M^m est une variété fermée, et f une application continue de M^m dans X, alors (M^m, f) est une variété singulière en (X, A).
3. Lorsque la variété (M^m, f) borde, M^m est une composante connexe du bord de B^{m+1}.

Par analogie au paragraphe précédent, on a la relation du bordisme singulier est une relation d'équivalence. Dans l'ensemble quotient, on notera par $\mathfrak{N}_m(X, A)$ l'ensemble des classes d'équivalence $[M^m, f]_2$ des variétés (M^m, f) singulières en (X, A) et de dimension m.

On peut munir $\mathfrak{N}_m(X, A)$ d'une structure de groupe abélien. La somme est donnée par la réunion disjointe
$$[M_1^m, f_1]_2 + [M_2^m, f_2]_2 = [M_1^m \amalg M_2^m, f_1 \amalg f_2]_2$$

3. On peut supposer que X est un CW-complexe et que A en est un sous-CW-complexe.

pour tous $[M_1^m, f_1]_2$ et $[M_2^m, f_2]_2$ dans $\mathfrak{N}_m(X, A)$.

La classe des variétés singulières qui bordent représente l'élément neutre, ce qui implique que $[M^m, f]_2 + [M^m, f]_2 = 0$.

Un module gradué $\mathfrak{N}_*(X, A)$.

Soit (M^m, f) une variété singulière et B^n une variété fermée. On peut définir la variété singulière $(M^m \times B^n, h)$ où h est l'application

$$h \ : \ M^m \times B^n \xrightarrow{pr_1} M^m \xrightarrow{f} (X, A)$$

Posons $\mathfrak{N}_*(X, A) = \oplus_{n \geq 0} \mathfrak{N}_n(X, A)$. Il résulte de ce qui précède qu'on peut munir $\mathfrak{N}_*(X, A)$ d'une structure de module gradué sur $\mathfrak{N}_*$ comme suit

$$[M^m, f]_2 [B^n]_2 = [M^m \times B^n, h]_2$$

Il est clair que ce produit est associatif et est distributif par rapport à la somme définie sur les $\mathfrak{N}_n(X, A), n \geq 0$.

Remarques 2.2.3

1. On peut définir naturellement sur $\mathfrak{N}_*(X, A)$ l'application

$$\begin{array}{rccc} \partial : & \mathfrak{N}_m(X, A) & \longrightarrow & \mathfrak{N}_{m-1}(A) \\ & [M^m, f]_2 & \mapsto & [\partial M^m, f_{|\partial M^m}]_2 \end{array}$$

   Toute application continue $\rho : (X_1, A_1) \longrightarrow (X_2, A_2)$ induit l'application

$$\begin{array}{rccc} \rho_* : & \mathfrak{N}_m(X_1, A_1) & \longrightarrow & \mathfrak{N}_m(X_2, A_2) \\ & [M^m, f]_2 & \mapsto & [M^m, \rho \circ f]_2 \end{array}$$

   On vérifie que les applications ∂ et ρ_* sont bien définies et additives. En fait, elles sont des homomorphismes de modules sur $\mathfrak{N}_*$.

2. Si $f_1, f_2 : (M^m, \partial M^m) \longrightarrow (X, A)$ sont homotopes, alors $[M^m, f_1]_2 = [M^m, f_2]_2$. En effet, si

$$H : (I \times M^m, I \times \partial M^m) \longrightarrow (X, A)$$

   est l'homotopie entre f_1 et f_2, alors la variété compacte $(I \times M^m, H)$ vérifie

$$\partial(I \times M^m) \supset M^m \amalg M^m \ \ , \ \ H(I \times \partial M^m) \subset A \quad \text{et} \quad H_{|\{0\} \times M^m} = f_1 \ \ , \ \ H_{|\{1\} \times M^m} = f_2$$

   Par suite, les groupes $\mathfrak{N}_m(X, A)$ sont des invariants homotopiques.

3. En tenant compte que $\mathfrak{N}_m(point) = \mathfrak{N}_m(point, \emptyset)$, on retrouve le groupe de bordisme $\mathfrak{N}_m(point) = \mathfrak{N}_m$. Il en résulte que, pour un espace X contractile les groupes $\mathfrak{N}_m(X)$ sont non triviaux.

Théorème 2.2.4 *Dans la catégorie* Top_2 [4]*, le foncteur du bordisme orienté* $\{\mathfrak{N}_*(X,A), \rho_*, \partial\}$ *est une théorie homologique, i.e. : elle vérifie les six premiers axiomes d'Eilenberg-Steenrod.*

On rappelle que les axiomes d'Eilenberg-Steenrod sont :

1. $id_* = id$.
2. *Covariance* : Si $\phi_1 : (X_1, A_1) \longrightarrow (X_2, A_2)$ et $\phi_2 : (X_2, A_2) \longrightarrow (X_3, A_3)$, alors
$$(\phi_2 \circ \phi_1)_* = \phi_{2*} \circ \phi_{1*}$$
3. Pour toute application ϕ de (X_1, A_1) dans (X_2, A_2), on a le diagramme commutatif suivant
$$\begin{array}{ccc} \mathfrak{N}_m(X_1, A_1) & \xrightarrow{\partial} & \mathfrak{N}_{m-1}(A_1) \\ \downarrow \phi_* & & \downarrow \phi_{|A_1 *} \\ \mathfrak{N}_m(X_2, A_2) & \xrightarrow{\partial} & \mathfrak{N}_{m-1}(A_2) \end{array}$$
4. *Homotopie* : Si $\phi_0, \phi_1 : (X_1, A_1) \longrightarrow (X_2, A_2)$ sont homotopes alors $\phi_{0*} = \phi_{1*}$.
5. *Exactitude* : L'inclusion $i : A \hookrightarrow X$ définit l'homomorphisme $i_* : \mathfrak{N}_m(A) \longrightarrow \mathfrak{N}_m(X)$. D'autre part, l'inclusion $j : (X, \emptyset) \hookrightarrow (X, A)$ fournit l'homomorphisme
$$j : \mathfrak{N}_m(X) \longrightarrow \mathfrak{N}_m(X, A)$$
On a alors la suite exacte suivante
$$\ldots \longrightarrow \mathfrak{N}_m(A) \xrightarrow{i_*} \mathfrak{N}_m(X) \xrightarrow{j} \mathfrak{N}_m(X, A) \xrightarrow{\partial} \mathfrak{N}_{m-1}(A) \longrightarrow \ldots$$
6. *Excision* : Soit U un ouvert de X tel que $\overline{U} \subset int(A)$. L'inclusion $i : (X \setminus U, A \setminus U) \hookrightarrow (X, A)$ induit un isomorphisme
$$i_* : \mathfrak{N}_m(X \setminus U, A \setminus U) \longrightarrow \mathfrak{N}_m(X, A)$$

2.2.1 Description du $\mathfrak{N}_*$-module $\mathfrak{N}_*(X, A)$.

Dans cette partie, on répondera à la question qui a été posée au début de cette section : Etant donné une paire d'espaces topologiques (X, A), quels sont les cycles de $H_*(X, A\,; \mathbb{Z}_2)$ qui sont images continues de variétés différentielles compactes ? Pour cela, on se propose de construire une application $g : \mathfrak{N}_*(X, A) \longrightarrow H_*(X, A\,; \mathbb{Z}_2)$.

Soit $[M^m, f]_2 \in \mathfrak{N}_*(X, A)$. L'application $f : (M^m, \partial M^m) \to (X, A)$ induit l'homomorphisme de groupes
$$f_* : H_m(M^m, \partial M^m\,; \mathbb{Z}_2) \longrightarrow H_m(X, A\,; \mathbb{Z}_2)$$

4. Top_2 est la catégorie des paires d'espaces topologiques dont les morphismes sont les applications continues de paires.

En particulier, si μ_{M^m} est la classe fondamentale en homologie, alors $f_*(\mu_{M^m}) \in H_m(X, A\,;\mathbb{Z}_2)$.
On pose alors

$$g : \mathfrak{N}_*(X, A) \longrightarrow H_*(X, A\,;\mathbb{Z}_2) \;\;;\;\; [M^m, f]_2 \longmapsto f_*(\mu_{M^m})$$

Il s'agit d'un homomorphisme de groupes, qui fait commuter les diagrammes suivants :

$$\begin{array}{ccc} \mathfrak{N}_m(X, A) & \xrightarrow{g} & H_m(X, A\,;\mathbb{Z}_2) \\ \downarrow \partial & & \downarrow \partial \\ \mathfrak{N}_{m-1}(A) & \xrightarrow{g} & H_{m-1}(A\,;\mathbb{Z}_2) \end{array}$$

$$\begin{array}{ccc} \mathfrak{N}_*(X_1, A_1) & \xrightarrow{g} & H_*(X_1, A_1\,;\mathbb{Z}_2) \\ \downarrow \phi_* & & \downarrow \phi_* \\ \mathfrak{N}_*(X_2, A_2) & \xrightarrow{g} & H_*(X_2, A_2\,;\mathbb{Z}_2) \end{array}$$

où $\phi : (X_1, A_1) \longrightarrow (X_2, A_2)$ est une application continue.
Avec les notations précédentes, on a le résultat suivant :

Théorème 2.2.1.1 (Voir [CF] page 46.)
Pour (X, A) une paire de CW-complexes, on a l'isomorphisme de $\mathfrak{N}_*$-modules

$$\mathfrak{N}_*(X, A) \simeq H_*(X, A\,;\mathbb{Z}_2) \otimes \mathfrak{N}_*$$

Cela veut dire que $\mathfrak{N}_*(X, A)$ est un $\mathfrak{N}_*$-module libre.

2.2.2 Nombres de Whitney et bordisme singulier.

Soit X un espace topologique, M^m une variété différentielle fermée de dimension m et f une application continue de M^m dans X. On a donc un homomorphisme de groupes

$$f^* : H^k(X\,;\mathbb{Z}_2) \longrightarrow H^k(M^m\,;\mathbb{Z}_2)$$

Définition 2.2.2.1

Soit $r_1, \ldots, r_{m-k}$ des entiers positifs vérifiants $r_1 + 2r_2 + \cdots + (m-k)r_{m-k} = m - k$, et c^k un élément quelconque de $H^k(X\,;\mathbb{Z}_2)$.
A la classe $[M^m, f]_2$ de $\mathfrak{N}_m(X)$ on associe les nombres

$$\langle w_1(\tau_{M^m})^{r_1}.w_2(\tau_{M^m})^{r_2} \ldots w_{m-k}(\tau_{M^m})^{r_{m-k}} f^*(c^k), \mu_{M^m}\rangle \in \mathbb{Z}_2$$

appelés nombres de Whitney de l'application f associés à la classe c^k.

Remarque 2.2.2.2 Si $c^0 = 1 \in H^0(X\,;\mathbb{Z}_2)$, les nombres de Whitney coïncident avec les nombres de Stiefel-Whitney.

Théorème 2.2.2.3 *Soit X un CW-complexe fini et (M^m, f) une variété singulière en X. Alors $[M^m, f]_2 = 0$ si, et seulement si, tous les nombres de Whitney sont nuls.*

Preuve.

On a $[M^m, f]_2 = 0$, il existe donc une variété (B^{m+1}, F), singulière en X, compacte et de dimension $m+1$ telle que

$$M^m \subset \partial B^{m+1} \text{ et } F_{|M^m} = f$$

ou encore $F \circ i = f$ où $i : M^m \hookrightarrow B^{m+1}$ est l'inclusion. Par conséquent $f^* = i^* \circ F^*$ et il suffit de reprendre une preuve similaire à celle du théorème de Thom-Pontrjagin, ce qui montre la condition nécessaire.
Pour la condition suffisante, on pourra voir [CF] page 47.

Conséquences. Comme dans le cas des nombres de Stiefel-Whitney, deux variétés singulières en X sont bordantes si, et seulement si, leurs nombres de Whitney sont égaux.

2.3 G-Bordisme ou Bordisme équivariant.

De façon similaire à la notion de bordisme des variétés différentielles fermées, on peut définir le bordisme pour les G-variétés principales et fermées pour un groupe fini de difféomorphismes G, et ce à équivalence près. On développera donc une théorie de bordisme équivariante, en ce sens qu'on ne disposera que de G-variétés, et de difféomorphismes équivariants, sauf mention du contraire.
Dans la suite, deux G-variétés sont difféomorphes veut dire que les difféomorphismes entre les G-variétés sont équivariants.

Le groupe de G-bordisme principal.

On notera (G, Var_f) la classe des G-variétés principales fermées.

Définition 2.3.1

1. On dit qu'une G-variété (G, M^m) borde dans (G, Var_f) s'il existe une G-variété compacte et principale (G, B^{m+1}) telle que le bord $(G, \partial B^{m+1})$ est difféomorphe à (G, M^m).
2. Deux G-variétés dans (G, M_1^m) et (G, M_2^m) sont alors bordantes dans (G, Var_f) si, et seulement si, la réunion disjointe $(G, M_1^m \amalg M_2^m)$ borde dans (G, Var_f).

Proposition 2.3.2 *Le bordisme équivariant est une relation d'équivalence dans (G, Var_f). Elle sera notée $\sim_G$.*

Idée de la preuve.

Réflexivité. $(G, M^m) \sim_G (G, M^m)$: il suffit de prendre la G-variété $(G, M^m \times I)$ munie de l'action $g(x,t) = (gx, t)$. Le groupe G agit librement sur M^m, par suite, l'action ainsi définie est libre, de sorte que $(G, M^m \times I)$ est une variété principale.

Symétrie. Triviale.

Transitivité. Il suffit de reprendre la même preuve que celle donnée pour la relation de bordisme, en considérant maintenant les G-variétés principales et en utilisant les voisinages colliers "équivariants".

Les classes d'équivalence $[G, M^m]_2$ des G-variétés (G, M^m) de dimension m dans l'ensemble quotient $(G, Var_f)/\sim_G$ forment un groupe abélien noté $\mathfrak{N}_m(G)$ (la somme est définie par la réunion disjointe).

Grâce au produit cartésien, le groupe $\mathfrak{N}_*(G) = \oplus_{m\geq 0}\mathfrak{N}_m(G)$ possède

- La structure d'algèbre graduée. La multiplication est donnée par

  $$[G, M_1^m]_2.[G, M_2^n]_2 = [G, M_1^m \times M_2^n]_2$$

  et l'action de G sur $M_1^m \times M_2^n$ est définie par $g(x,y) = (gx, gy)$ pour tous g dans G, x (resp.y) dans M_1^m (resp. M_2^n).
  Puisque chaque élément dans $\mathfrak{N}_*(G)$ est d'ordre 2, alors $\mathfrak{N}_*(G)$ est une $\mathbb{Z}_2$-algèbre graduée commutative.
- La structure d'un $\mathfrak{N}_*$-module. Si $\sum_{finie}[B^{n_i}]_2 \in \mathfrak{N}_*$, alors on a

  $$[G, M^m]_2.\sum_i [B^{n_i}]_2 = \sum_i [G, M^m \times B^{n_i}]_2$$

  où l'action de G sur $M^m \times B^{n_i}$ est donnée par $g(x,y) = (gx, y)$ pour tous g dans G, x (resp.y) dans M^m (resp. B^{n_i}).

Soit (G, M^m) une variété principale fermée. On sait qu'il existe une application équivariante $f : M^m \longrightarrow EG$ qui induit $\bar{f} : M^m/G \longrightarrow BG = EG/G$.

Théorème 2.3.3 *L'application $h : \mathfrak{N}_*(G) \longrightarrow \mathfrak{N}_*(BG)$ qui à $[G, M^m]_2$ associe $[M^m/G, \bar{f}]_2$ est un isomorphisme.*

Preuve.

L'application h est bien définie. Si (G, M^m) est un bord, alors il existe une variété compacte (G, B^{m+1}) telle que $\partial B^{m+1} = M^m$.

On sait qu'il existe une section $s : B^{m+1}/G \supset M^m/G \longrightarrow (B^{m+1} \times EG)/G$ qui détermine une application équivariante $f : M^m \longrightarrow EG$.

Comme la fibre est contractile, cette section se prolonge à B^{m+1}/G, d'où une application équivariante $F : B^{m+1} \longrightarrow EG$ telle que $F_{|M^m} = f$.

On a donc $\partial\left(B^{m+1}/G\right) = \partial B^{m+1}/G = M^m/G$ et $\bar{F}_{|M^m/G} = \bar{f}$. Par suite, $[M^m/G, \bar{f}]_2 = 0$.

h est surjective. Si $[B^m, k]_2 \in \mathfrak{N}_*(BG)$, existe-t-il $[G, M^m]_2$ telle que $[M^m/G, \bar{f}]_2 = [B^m, k]_2$?

$$\begin{array}{ccc} & & EG \\ & & \downarrow p \\ B^m & \xrightarrow{k} & BG \end{array}$$

Soit $\zeta = (EG, p, BG, G)$ et $\xi = k^*\zeta$. L'action du groupe G sur $E(\xi) \subset B^m \times BG$ est définie par $g(x, y) = (x, gy)$ pour tout $g \in G$ et on a $E(\xi)/G$ est difféomorphe à B^m.

La projection $q : E(\xi) \longrightarrow E(\xi)/G$ est un homéomorphisme local et on peut munir $E(\xi)$ d'une structure de variété différentielle. On a bien une application équivariante $f : E(\xi) \longrightarrow EG$ telle que $[E(\xi)/G, \bar{f}]_2 = [B^m, k]_2$.

L'application h est injective. Soit $[G, M^m]_2 \in \mathfrak{N}_*(G)$ tel que $[M^m/G, \bar{f}]_2 = 0$. Il existe alors $[G, B^{m+1}]_2 \in \mathfrak{N}_*(G)$ dont l'image par h est $[B^{m+1}/G, \bar{F}]_2$ et telle que $\partial(B^{m+1}/G) = M^m/G$ et $\bar{F}_{|M^m} = \bar{f}$. Mais l'égalité $\partial B^{m+1}/G = M^m/G$ implique que $\partial B^{m+1} = M^m$, et $[G, M^m]_2 = 0$.

2.3.1 Quelques propriétés de $\mathfrak{N}_*(\mathbb{Z}_2)$.

Une base du $\mathfrak{N}_*$-module $\mathfrak{N}_*(\mathbb{Z}_2)$.

Le théorème précédent donne
$$\mathfrak{N}_*(\mathbb{Z}_2) \simeq \mathfrak{N}_*(\mathbb{R}P^\infty)$$
Comme on a l'isomorphisme de $\mathfrak{N}_*$-modules
$$\mathfrak{N}_*(\mathbb{R}P^\infty) \simeq H_*(\mathbb{R}P^\infty\,;\mathbb{Z}_2) \otimes \mathfrak{N}_*$$
on conclut que $\mathfrak{N}_*(\mathbb{Z}_2)$ est un $\mathfrak{N}_*$-module libre à un générateur en chaque dimension. Nous allons vérifier que la famille $\{[A, S^n]_2\}_n$ en est une base (A étant l'action antipodale). Cela revient à prouver que la famille $\{[\mathbb{R}P^n, \bar{f}]_2\}_n$ est une base de $\mathfrak{N}_*(\mathbb{R}P^\infty)$.

Rappelons l'application $g : \mathfrak{N}_*(\mathbb{R}P^\infty) \longrightarrow H_*(\mathbb{R}P^\infty\,;\mathbb{Z}_2)$ définie par $g([M^m, f]_2) = f_*(\mu_{M^m})$, avec μ_{M^m} est la classe fondamentale de la variété différentielle M^m. Il suffit alors de montrer que $g([\mathbb{R}P^n, \bar{f}]_2) = \bar{f}_*(\mu_{\mathbb{R}P^n}) \neq 0$ dans $H_*(\mathbb{R}P^\infty\,;\mathbb{Z}_2)$.

On sait que $H^*(\mathbb{R}P^\infty\,;\mathbb{Z}_2) = \mathbb{Z}_2[x]$ et $H^*(\mathbb{R}P^n\,;\mathbb{Z}_2) = \mathbb{Z}_2[\bar{f}^*x]_{\leq n}$, on a
$$\langle x^n, \bar{f}_*(\mu_{\mathbb{R}P^n})\rangle = \langle(\bar{f}^*x)^n, \mu_{\mathbb{R}P^n}\rangle \neq 0$$
Par conséquent, $\bar{f}_*(\mu_{\mathbb{R}P^n}) \neq 0$.

Une relation avec l'ensemble des points fixes des actions du groupe $\mathbb{Z}_2$.

Soit M^m une variété différentielle fermée et f une involution dans M^m. On munit M^m d'une métrique riemannienne rendant f une isométrie et soit

$$F = \amalg_{0 \leq i < m} F^i$$

l'ensemble des points fixes de f. Rappelons que le fibré normal en sphère de F est

$$S\nu_F = \cup_{i<m} S\nu_i$$

On a vu que l'involution f induit une involution A sur $S\nu_F$ qui, de plus, est une isométrie sans points fixes sur $S\nu_{xF}$, pour tout x fixé dans F. On sait qu'alors A coïncide avec l'action antipodale sur $S\nu_{xF}$, $\forall\, x \in F$.

Corollaire 2.3.1.1 *Sous les hypothèses ci-dessus, on a*

$$[A, S\nu_F]_2 = 0 \text{ dans } \mathfrak{N}_{m-1}(\mathbb{Z}_2)$$

Preuve.
Comme $dim\ E(\nu_i)_x = m - i$ pour tout $x \in F^i$, $i < m$, alors $dim\ S\nu_i = m - 1$ et il s'ensuit que $dim\ S(\nu_F) = m - 1$.

Considérons un voisinage tubulaire N de F. L'involution f opère sans points fixes sur la sous-variété compacte $V^m = M^m \setminus int(N)$. Ce qui implique que

$$0 = [f_{|\partial V^m}, \partial V^m]_2 = [f_{|\partial N}, \partial N]_2 = [A, S\nu_F]_2$$

Conséquence.

Théorème 2.3.1.2 *Soit f une involution qui opère sur une variété différentielle fermée M^m, et désignons par ν_F le fibré normal à l'ensemble de ses points fixes F. Posons*

$$\nu = \nu_F \oplus \mathbb{R}$$

et soit $S\nu$ le fibré normal en sphère associé à ν. On a

$$[M^m]_2 = [S\nu/A]_2$$

Preuve.
Pour la preuve on aura besoin des constructions suivantes :

- Dans la variété différentielle $M^m \times I$, $I = [0, 1]$, on peut construire une involution f_1 donnée par

$$f_1(x, t) = (x, 1 - t)$$

L'ensemble F_1 de ses points fixes est $M^m \times \{\frac{1}{2}\}$. Son fibré normal est $\nu_{F1} = M^m \times \mathbb{R}$, il en résulte que

$$S\nu_{F1} = M^m \times S^0$$

- A partir de l'involution f dans M^m, on définit une involution f_2 sur $M^m \times I$ par

$$f_2(x,t) = (f(x), 1-t)$$

L'ensemble des points fixes F_2 de l'involution f_2 est $F \times \{\frac{1}{2}\}$. Les fibrés ν_{F_2} et $S\nu_{F_2}$ sont

$$\nu_{F2} \simeq \nu_F \oplus \mathbb{R} \quad , \quad S\nu_{F2} \simeq S\nu_F \oplus S^0$$

- Remarquons que $M^m \times I$ est une variété à bord, et qu'il existe un difféomorphisme équivariant

$$\varphi : (f_{1|\partial(M^m\times I)}, M^m \times \partial I) \longrightarrow (f_{2|\partial(M^m\times I)}, M^m \times \partial I)$$

tel que, pour tout x dans M^m on a

$$\varphi(x,1) = (f(x), 1) \text{ et } \varphi(x,0) = (x,0)$$

Par suite, on peut définir sur la variété différentielle $M^{m+1} = M^m \times I \cup_\varphi M^m \times I$ une involution f_3 induite par f_1 et f_2.
L'ensemble des points fixes F_3 de f_3 est égal à $F_1 \cup F_2$. Il vient alors que

$$\nu_{F_3} = \nu_{F_1} \cup \nu_{F_2} \quad , \quad S\nu_{F_3} = (M^m \times S^0) \cup S\nu_{F_2}$$

Appliquons le corollaire 2.3.1.1 à $(A, S\nu_{F_3})$, on obtient

$$[A, S\nu_{F_3}]_2 = 0$$

Il existe alors une $\mathbb{Z}_2$-variété compacte (g, B^m) telle que

$$\partial B^m \cong S\nu_{F_3} \text{ et } g_{|\partial B^m} = A$$

On a donc d'une part $\partial B^m/g \cong S\nu_{F_3}/A$, d'autre part, $(\partial B^m)/g = \partial(B^m/g)$, si bien que

$$\partial(B^m/g) \cong S\nu_{F_3}/A$$

En particulier $[S\nu_{F_3}/A]_2 = 0$. Par ailleurs,

$$[A, S\nu_{F_3}]_2 = [A, (M^m \times S^0) \cup S\nu_{F_2}]_2$$

Ce qui donne d'après ce qui précède

$$0 = [\left((M^m \times S^0) \cup S\nu_{F_2}\right)/A]_2 = [(M^m \times S^0)/A]_2 + [S\nu_{F_2}/A]_2$$

En tenant compte que $(M^m \times S^0)/A \cong M^m$, on obtient finalement

$$[M^m]_2 = [S\nu_{F_2}/A]_2$$

2.4 Bordisme des fibrés vectoriels.

Considérons le fibré universel $\gamma^n = (E(\gamma^n), p, G_n)$. Son universalité implique que la classe des n-fibrés vectoriels au dessus des variétés fermées est égale, à isomorphisme près, à la classe des fibrés induits.

$$\begin{array}{ccc} E(f^*\gamma^n) & & E(\gamma^k) \\ \Big\downarrow f^*\gamma^n & & \Big\downarrow p \\ M^m & \xrightarrow{f} & G_n \end{array}$$

De tels fibrés sont alors déterminés de façon unique par le couple $(M^m, [f])$, M^m désignant l'espace de base, qui est une variété fermée, et la classe d'homotopie d'une application continue $f : M^m \longrightarrow G_n$.
Il s'ensuit qu'on a une bijection entre la classe des variétés fermées singulières en G_n, prises à homotopie près, et la classe des n-fibrés vectoriels au dessus des variétés fermées.

Cela permet de définir une relation d'équivalence : si $\xi_1 = f_1^*\gamma^n$; $B(\xi_1) = M_1^m$ et $\xi_2 = f_2^*\gamma^n$; $B(\xi_2) = M_2^m$ alors

$$\xi_1 \sim \xi_1 \Leftrightarrow [M_1^m, f_1]_2 = [M_2^m, f_2]_2$$

Cette relation est la relation de bordisme pour les fibrés vectoriels, les classes d'équivalence seront notées $[\xi]_2$.
Explicitons un peu plus cette relation :
$[\xi_1]_2 = [f_1^*\gamma^n]_2 = 0$ est équivalent à $[M_1^m, f_1]_2 = 0$. Il existe donc une variété compacte singulière en G_n, notée (B^{m+1}, F), vérifiant $M_1^m = \partial B^{m+1}$ et $F_{|M_1^m} = f$ tel l'on ait le diagramme suivant

$$\begin{array}{ccccc} E(i^* \circ F^*\gamma^n) & & E(F^*\gamma^n) & & E(\gamma^n) \\ \Big\downarrow i^*\circ F^*\gamma^n & & \Big\downarrow F^*\gamma^n & & \Big\downarrow \gamma^n \\ M_1^m & \xrightarrow{i} & B^{m+1} & \xrightarrow{F} & G_n \end{array}$$

Puisque $F \circ i = f$, alors $i^* \circ F^*\gamma^n = f^*\gamma^n$, de sorte que le fibré $F^*\gamma^n$ vérifie

$$\partial B\left(F^*\gamma^n\right) = \partial B^{m+1} = M_1^m \quad \text{et} \quad F^*\gamma^n_{|M_1^m} = f^*\gamma^n = \xi_1$$

De même, si $[\xi_1]_2 = [\xi_2]_2$ alors $[M_1^m, f_1]_2 = [M_2^m, f_2]_2$ et un raisonnement similaire donne qu'il existe un fibré $F^*\gamma^n$ tel que

$$\partial B\left(F^*\gamma^n\right) = \partial B^{m+1} = M_1^m \amalg M_2^m \quad \text{et} \quad F^*\gamma^n_{|M_1^m \amalg M_2^m} = (f_1 \amalg f_2)^*\gamma^n = \xi_1 \amalg \xi_2$$

Finalement, pour décrire la relation de bordisme des fibrés vectoriels au dessus des variétés différentielles fermées, on retiendra les définitions suivantes

Définition 2.4.1

- On dit qu'un n-fibré vectoriel ξ au dessus de M^m borde s'il existe un fibré ξ' au dessus d'une variété compacte B^{m+1} tel que

$$M^m = \partial B^{m+1} \quad \text{et} \quad \xi'_{|B^m} = \xi$$

- Soit ξ_1 et ξ_2 deux n-fibrés vectoriels au dessus de deux variétés différentielles fermées M_1^m et M_2^m respectivement. Ils sont dits bordants s'il existe un fibré ξ au dessus d'une variété différentielle compacte B^{m+1} vérifiant

$$M_1^m \amalg M_2^m = \partial B^{m+1} \quad , \quad \xi_{|M_1^m} = \xi_1 \quad \text{et} \quad \xi_{|M_2^m} = \xi_2$$

Cas particulier des fibrés vectoriels ayant la même base.

Considérons à présent deux n-fibrés vectoriels $\xi_1 = f_1^*\gamma^n$ et $\xi_2 = f_2^*\gamma^n$ au dessus d'une variété différentielle fermée M^m. On peut donc associer à ξ_1 et ξ_2 les nombres de Whitney

$$\langle w_1(\tau_{M^m})^{r_1}.w_2(\tau_{M^m})^{r_2} \ldots w_{m-k}(\tau_{M^m})^{r_{m-k}} f_1^*(c^k), \mu_{M^m}\rangle$$

$$\langle w_1(\tau_{M^m})^{r_1}.w_2(\tau_{M^m})^{r_2} \ldots w_{m-k}(\tau_{M^m})^{r_{m-k}} f_2^*(c^k), \mu_{M^m}\rangle$$

pour tout c^k dans $H^k(G_n\,;\mathbb{Z}_2)$.

Le théorème 1.3.6.10 affirme que $f_i^*(c^k)$ représente la classe de Stiefel-Whitney du fibré ξ_i, $i = 1, 2$. On en déduit que, si les classes de Stiefel-Whitney de ξ_1 et ξ_2 sont égales, les nombres de Whitney sont égaux.

Or d'après la section précédente, cela est équivalent à dire que $[M^m, f_1]_2 = [M^m, f_2]_2$, et par conséquent, $[\xi_1]_2 = [\xi_2]_2$.

Conséquence.

L'égalité des classes de Stiefel-Whitney de deux n-fibrés vectoriels au dessus d'une variété différentielle fermée est une condition suffisante pour qu'ils soient bordants.

Chapitre 3

Résultats Principaux.

3.1 Actions de $\mathbb{Z}_2^k$ sans points fixes sur les variétés.

3.1.1 Actions de $\mathbb{Z}_2$ sans points fixes sur les variétés.

On conviendra que toutes les actions considérées ci-dessous sont différentiables.
Dans ce paragraphe, on montre le résultat suivant :

Théorème 3.1.1.1 *Soit (f, M^m) une $\mathbb{Z}_2$-variété différentielle fermée. Si l'involution f est sans points fixes, alors M^m est une variété bord.*

Preuve.

Considérons une 0-variété M^0 compacte, il s'agit donc d'un nombre fini de points.
Pour qu'il y ait une action sans points fixes de $\mathbb{Z}_2$, il faudrait qu'on ait un nombre pair de points.

On voit clairement que dans ces conditions M^0 est un bord.

Soit maintenant une $\mathbb{Z}_2$-variété différentielle fermée (f, M^m), avec f une involution différentiable de M^m sans points fixes. On pose $X = M^m \times [-1, 1]$. La variété différentielle X est compacte et

$$\partial X = M^m \times \{-1\} \cup M^m \times \{1\}$$

Soit l'application

$$T : X \longrightarrow X \;\; ; \;\; T(x, t) = (f(x), -t)$$

Il s'agit d'une involution de X et remarquons qu'elle est sans points fixes. La variété quotient X/T vérifie

$$\partial(X/T) = (\partial X)/T = M^m \times \{\overline{1}\}$$

où $\overline{1} = \pm 1$.

Remarque 3.1.1.2 On sait que $\mathbb{R}P^{2n}$ n'est pas un bord. Le théorème précédent affirme que dans ce cas il n'existe aucune action libre du groupe $\mathbb{Z}_2$ sur $\mathbb{R}P^{2n}$!

Exemples 3.1.1.3

1. Bien qu'aucune involution n'agisse sans points fixes sur $\mathbb{R}P^{2n}$, on peut définir l'application

$$\mathbb{R}P^2 \times S^1 \longrightarrow \mathbb{R}P^2 \times S^1; (x, y) \mapsto (x, -y)$$

qui est une action libre de $\mathbb{Z}_2$ sur $\mathbb{R}P^2 \times S^1$, et $\mathbb{R}P^2 \times S^1$ est alors un bord.

2. Considérons le tore $\mathbb{T}^2 = \mathbb{R}^2/\mathbb{Z}^2$ et l'application $\varphi : \mathbb{T}^2 \longrightarrow \mathbb{T}^2$ définie par

$$\varphi(x, y) = (x + \frac{1}{2}, -y)$$

Elle vérifie $\varphi^2 = id$ et elle est sans points fixes. On en déduit que le tore $\mathbb{T}^2$ est un bord.

3. L'application

$$f : (x, y) \longrightarrow (x + \frac{1}{2}, y)$$

induit une involution sans points fixes sur la bouteille de Klein K. Il s'ensuit que K est un bord.

4. L'espace projectif $\mathbb{R}P^{2n+1}$ est un bord. En effet, soit $z = (z_1, z_2, \ldots, z_{n+1})$ dans S^{2n+1} et considérons l'application $f(z) = iz$ avec $i^2 = -1$ (c'est "une rotation" d'angle $\frac{\pi}{2}$). On a alors $f^2(z) = -z$. Vu que $f(-z) = -f(z)$, l'application f passe au quotient et induit une involution $\varphi : \mathbb{R}P^{2n+1} \longrightarrow \mathbb{R}P^{2n+1}$ sans points fixes, ce qui donne le résultat.

3.1.2 Quelques propriétés des actions de $\mathbb{Z}_2^k$ sans points fixes.

Théorème 3.1.2.1 *Si le groupe $\mathbb{Z}_2^k$ agit sans points fixes sur la variété fermée M^m, alors M^m est un bord.*

Preuve.

La preuve s'établit par récurrence sur k ; le cas $k = 1$ a été déjà traité.

Munissons M^m d'une métrique pour laquelle $\mathbb{Z}_2^k$ est un groupe d'isométries et supposons que $\mathbb{Z}_2^k$ agisse sans points fixes sur M^m. Deux cas sont possibles :

- L'un au moins des sous-groupes $\mathbb{Z}_2^p$, $p < k$, est sans points fixes et le théorème est établi par l'hypothèse de récurrence.
- Tous les sous-groupes $\mathbb{Z}_2^p$, $p < k$, ont des points fixes. Ecrivons $\mathbb{Z}_2^k = \mathbb{Z}_2 \times \mathbb{Z}_2^{k-1}$, et soit F l'ensemble des points fixes de $\mathbb{Z}_2$.
  Comme $\mathbb{Z}_2^k$ est abélien, les éléments de $\mathbb{Z}_2^{k-1}$ commutent avec ceux de $\mathbb{Z}_2$, ce qui implique que F est aussi stable par l'action de $\mathbb{Z}_2^{k-1}$.
  On a alors l'équivalence

$$\{\mathbb{Z}_2^k \text{ agit sans points fixes sur } M^m\} \Leftrightarrow \{\mathbb{Z}_2^{k-1} \text{ agit sans points fixes sur } F\}$$

La sous-variété F est $\mathbb{Z}_2^k$-invariante. Si ν_F désigne le fibré normal de F, alors nous savons que le groupe $\mathbb{Z}_2^k = \mathbb{Z}_2 \times \mathbb{Z}_2^{k-1}$ opère sur $E(\nu_F)$.

D'une part, comme on l'a déjà vu, l'action du groupe $\mathbb{Z}_2$ sur l'espace $E(\nu_F)$ est donnée par l'action antipodale A, car son action s'identifie à une symétrie de $\nu_x F$ pour tout x dans F.

D'autre part, vu que $\mathbb{Z}_2^{k-1}$ agit sans points fixes sur F, alors l'action du groupe $\mathbb{Z}_2^{k-1}$ sur $E(\nu_F)$ est aussi sans points fixes.

Considérons, à présent, la somme de Whitney $\nu = \nu_F \oplus \mathbb{R}$. On étend l'action du groupe $\mathbb{Z}_2^k$ en une action sans points fixes sur $E(\nu)$ comme suit :
Pour tous (v, t) dans $E(\nu)$ et g dans $\mathbb{Z}_2^{k-1}$

$$g(v, t) = (Tg.v, t)$$

et $A(v, t) = (-v, -t)$.
Soit $S\nu$ le fibré en sphère associé à ν. Pour l'application A ainsi donnée, on peut définir l'espace $S\nu/A$, et puisque l'application

$$Tg : S\nu \longrightarrow S\nu$$

vérifie $Tg(-v, -t) = -(Tg.v, t)$ pour tout g dans $\mathbb{Z}_2^{k-1}$, alors elle passe au quotient

$$Tg : S\nu/A \longrightarrow S\nu/A$$

Le groupe $\mathbb{Z}_2^{k-1}$ agit sans points fixes sur $S\nu/A$, et l'hypothèse de récurrence nous donne que

$$[S\nu/A]_2 = 0$$

Il découle du théorème 2.3.1.2 que

$$[M^m]_2 = [S\nu/A]_2 = 0$$

Remarque 3.1.2.2 Ce théorème affirme qu'aucun groupe de la forme $\mathbb{Z}_2^k$ n'agit sans points fixes sur $\mathbb{R}P^{2n}$. En fait, on a mieux, il n'existe aucune action libre de $\mathbb{Z}_2^k$ sur $\mathbb{R}P^{2n}$!!

3.2 Actions de $\mathbb{Z}_2^k$ avec points fixes sur une variété.

Dans cette partie, nous allons démontrer le résultat suivant.

Théorème 3.2.1 *Soit M^m une variété différentielle fermée de dimension $m > 0$. Si le groupe $\mathbb{Z}_2^k$ agit sur M^m, alors l'ensemble des points fixes de cette action ne peut pas être réduit à un seul point.*

3.2.1 Preuve du théorème.

Pour cela, nous avons besoin de quelques résultats et commentaires.

Préliminaires.

Considérons un ensemble fini de points M^0 et f une involution différentiable dans M^0. Soit F^0 l'ensemble de ses points fixes.
L'involution f opère sans points fixes sur $M^0 \setminus F^0$, l'ensemble $M^0 \setminus F^0$ a alors un nombre pair de points, il est donc un bord. Comme

$$M^0 = (M^0 \setminus F^0) \amalg F^0$$

alors

$$[M^0]_2 = [M^0 \setminus F^0]_2 + [F^0]_2 = [F^0]_2$$

De façon plus générale, si (f, M^m) est une $\mathbb{Z}_2$-variété différentielle fermée de dimension m et $F = \amalg_{0 \leq i \leq m} F^i$ l'ensemble de ses points fixes tel que $F^i = \emptyset$ pour tout $0 \leq i \leq m-1$, alors d'après le théorème 3.1.2.1 on a

$$[M^m]_2 = [F^m]_2$$

Dans ce qui va suivre, on a pour perspective de généraliser les observations précédentes dans le cas où $F^i \neq \emptyset$, $i > 0$, prouvant ainsi la dépendance de la classe de bordisme de la variété M^m de celles de l'ensemble des points fixes, et on se propose de voir quelques conséquences.

Théorème 3.2.1.1 *Soit (f, M^m) une $\mathbb{Z}_2$-variété différentielle fermée de dimension m et $F = \amalg_{0 \leq i \leq m} F^i$ l'ensemble des points fixes de l'involution f. Supposons que tous les fibrés normaux aux F^i sont triviaux, pour $0 \leq i \leq m-1$. Alors, pour tout $0 \leq i \leq m-1$,*

$$[F^i]_2 = 0 \text{ et } [M^m]_2 = [F^m]_2$$

Preuve.

Considérons ν_i le fibré normal au dessus de F^i et notons $(A, S\nu_i)$ le fibré en sphère associé à ν_i muni de l'action antipodale. D'après le corollaire 2.3.1.1, on a

$$[A, S\nu]_2 = 0$$

où $(A, S\nu) = \amalg_{0 \leq i \leq m-1}(A, S\nu_i)$. Or

$$0 = [A, S\nu]_2 = \sum_{i=0}^{m-1} [A, S\nu_i]_2 = \sum_{i=0}^{m-1} [A, S^{m-i-1} \times F^i]_2 = \sum_{i=0}^{m-1} [A, S^{m-i-1}]_2 [F^i]_2$$

Sachant que $[A, S^k]_2$ est une base du module libre $\mathfrak{N}_*(\mathbb{Z}_2)$, on en déduit que $[F^i]_2 = 0$ pour $0 \leq i \leq m-1$.

D'autre part, le fibré $\nu' = \nu \oplus \mathbb{R}$ au dessus de F est trivial dans notre cas, ce qui implique

$$[A, S\nu']_2 = \sum_{i=0}^{m} [A, S^{m-i}]_2[F^i]_2 = [A, S^0]_2[F^m]_2$$

Puisque $[M^m]_2 = [S\nu'/A]_2$, il s'ensuit alors que

$$[M^m]_2 = [F^m]_2$$

On vient de voir que, lorsque les fibrés normaux aux F^i sont triviaux, alors

$$[F^i]_2 = 0 \quad \text{et} \quad [M^m]_2 = [F^m]_2$$

Rappelons que sous cette hypothèse, les classes de Stiefel-Whitney des fibrés ν_i sont nulles. On va prouver que la nullité des classes de Stiefel-Whitney des fibrés ν_i suffit pour avoir le résultat.

On sait qu'à chaque n-fibré vectoriel ξ au dessus d'une variété différentielle fermée M^m on peut associer le fibré en sphère $(A, S\xi)$ muni de l'action antipodale. Mieux encore, si $[\xi]_2 = 0$ alors $[A, S\xi]_2 = 0$. Cela donne lieu à une application

$$J : \mathfrak{N}_m(G_n) \longrightarrow \mathfrak{N}_{m+n-1}(\mathbb{Z}_2) \ ; \ [\xi]_2 \mapsto [A, S\xi]_2$$

qui est bien définie (on rappelle que G_n désigne la grassmannienne infinie et que chaque classe $[\xi]_2$ s'interprète comme un élément de $\mathfrak{N}_m(G_n)$). C'est un homomorphisme de groupes, qui se prolonge en un homomorphisme de $\mathfrak{N}_*$-modules de degré $n-1$.

Théorème 3.2.1.2 *Soit (f, M^m) une $\mathbb{Z}_2$-variété différentielle fermée de dimension m et $F = \amalg_{0 \le i \le m} F^i$ l'ensemble des points fixes de l'involution f. Si toutes les classes de Stiefel-Whitney du fibré normal ν_i au dessus de F^i sont nulles, et ce pour tout $0 \le i \le m-1$, alors*

$$[F^i]_2 = 0 \text{ et } [M^m]_2 = [F^m]_2$$

pour tout $0 \le i \le m-1$.

Preuve.
Comme les classes de Stiefel-Whitney du fibré ν_i sont nulles, alors dans $\mathfrak{N}_i(G_{m-i})$, ν_i est bordant au fibré trivial ε_i au dessus de F^i. On a donc

$$J([\nu_i]_2) = J([\varepsilon_i]_2) = [A, S^{m-i-1}]_2[F^i]_2$$

Il vient alors que

$$[A, S\nu]_2 = \sum_{i=0}^{m-1} [A, S\nu_i]_2 = \sum_{i=0}^{m-1} J([\nu_i]_2) = \sum_{i=0}^{m-1} J([\varepsilon_i]_2) = \sum_{i=0}^{m-1} [A, S^{m-i-1}]_2[F^i]_2$$

On peut maintenant reprendre la démonstration du théorème précédent en remarquant que les classes de Stiefel-Whitney du fibré ν' sont aussi nulles.

Comme conséquence, nous avons le résultat qui provient du fait que le fibré normal à F est trivial :

Théorème 3.2.1.3 *Si (f, M^m) est une $\mathbb{Z}_2$-variété différentielle fermée de dimension $m > 0$ telle que l'ensemble des points fixes de f est réduit à F^0. Alors l'involution f a un nombre pair de points fixes.*

Remarque 3.2.1.4 Notons que le cas $m = 0$ est à exclure comme le montre l'involution suivante (elle a un seul point fixe)

$$\begin{pmatrix} 1 & 2 & 3 \\ 1 & 3 & 2 \end{pmatrix}$$

Nous insistons, en outre, qu'on peut avoir des involutions qui ont un seul point fixe et tel que, au moins un des F^i, $i > 0$, est non vide, comme l'indique l'exemple suivant : Soit N et S les pôles nord et sud de la sphère S^2 respectivement et considérons la symétrie $S_{(SN)} : S^2 \longrightarrow S^2$ d'axe (SN). Par passage au quotient, l'ensemble des points fixes de cette involution dans $\mathbb{R}P^2$ est un point et un cercle.

Preuve du théorème 3.2.1.

Supposons qu'il existe un point fixe x dans M^m, et soit F l'ensemble des points fixes de l'action d'un $\mathbb{Z}_2^{k-1}$ sur M^m. Le point x appartient à une composante C de F, et comme F est invariant par l'action de $\mathbb{Z}_2^k$, alors C est aussi invariante par $\mathbb{Z}_2^k$ (car son image est incluse dans une composante connexe de F contenant x).

Ecrivons $\mathbb{Z}_2^k = \mathbb{Z}_2 \times \mathbb{Z}_2^{k-1}$, et soit f le générateur de $\mathbb{Z}_2$. Il résulte de ce qui précède que $f : C \longrightarrow C$ est une involution qui a un point fixe (noter que sous les hypothèses du théorème, l'ensemble des points fixes de f n'intercepte l'ensemble F qu'en x, et donc ne rencontre la composante C qu'au point x). Le théorème ci-dessus affirme que, si $dim\ C > 0$, alors il existe un point $y \neq x$ dans C tel que $f(y) = y$ et il est alors clair que y est un point fixe de $\mathbb{Z}_2^k$.

Il reste donc à prouver qu'il existe un sous-groupe $\mathbb{Z}_2^{k-1}$ tel que la composante C contenant le point x de l'ensemble de ses points fixes F soit de dimension strictement positive. Pour ce, nous munirons la variété M^m d'une métrique pour laquelle le groupe $\mathbb{Z}_2^k$ est un groupe d'isométries, et nous vérifions que cette métrique est sans conséquence sur ce qui a été démontré ci-haut.

On rappelle que si $g \in \mathbb{Z}_2^k$, alors $g'(x) : T_xM^m \longrightarrow T_xM^m$ définit une action de $\mathbb{Z}_2^k$ sur T_xM^m. Ainsi, on peut l'identifier à des symétries orthogonales de T_xM^m, qui commutent deux à deux, elles sont donc diagonalisables dans une même base $(v_1, v_2, \ldots, v_m)$ dans T_xM^m. Il existe alors un vecteur $v_i = v$ qui soit fixé par plus que la moitié des éléments de $\mathbb{Z}_2^k$[1]. On en déduit qu'un $\mathbb{Z}_2^{k-1}$ fixe v.

La géodésique $exp_x(tv)$ vérifie

$$g(exp_x(tv)) = exp_{g(x)}(t\, g'(x).v) = exp_x(tv)$$

1. Voir Annexe B.

pour tout g dans $\mathbb{Z}_2^{k-1}$. Il en résulte que la géodésique $exp_x(tv)$ est fixée par $\mathbb{Z}_2^{k-1}$. Cela implique que le point x appartient à une composante de l'ensemble F qui est de dimension strictement positive.

3.3 Actions libres de $\mathbb{Z}_2^k$ sur un CW-complexe fini.

On rappelle que si un groupe G agit librement sur un CW-complexe fini X alors X est dit un G-CW-complexe libre.

3.3.1 Sur l'extension des actions libres du groupe $\mathbb{Z}_2^k$.

Notre but dans ce paragraphe est de répondre à la question suivante : Si V_k opère librement sur un CW-complexe fini X, alors le groupe $V_{k+1} \supset V_k$ opère-t-il librement sur X ?

Nous rappelons la notation V_k pour un groupe abélien élémentaire isomorphe à $\mathbb{Z}_2^k$.

Théorème 3.3.1.1 *Supposons qu'un 2-groupe abélien élémentaire V_k opère librement sur un CW-complexe fini X.*
Si $H^*_{V_k}X$ est un H^*V_k-module monogène engendré par le cocycle constant 1, alors l'action de V_k ne se prolonge pas en une action libre.

Remarque 3.3.1.2 Notons qu'il y a équivalence entre les deux propriétés suivantes :
- le H^*V_k-module $H^*_{V_k}X$ est monogène engendré par le cocycle 1
- l'homomorphisme $\pi^* : H^*V_k \longrightarrow H^*_{V_k}X$ est surjectif

Preuve du théorème 3.3.1.1.

Supposons que cette action se prolonge à $V_{k+1} \simeq V_k \oplus V_1$. Posons $H^*V_1 \cong \mathbb{Z}_2[x]$ et considérons le diagramme commutatif

$$\begin{array}{ccccccc}
0 \longrightarrow & \overline{H^*_{V_1}X}_{hV_k} & \xrightarrow{p^*} & H^*X_{hV_k} & \xrightarrow{\phi^{-1}\delta} & \tau_{H^*_{V_1}X_{hV_k}} & \longrightarrow 0 \\
& \uparrow{\scriptstyle \overline{\pi^*}} & & \uparrow{\scriptstyle \pi^*} & \nearrow{\scriptstyle \phi^{-1}\delta\circ\pi^*} & & \\
& \overline{H^*V_{k+1}} & \xrightarrow{\gamma} & H^*V_k & & &
\end{array}$$

Cela donne d'une part que l'application $\phi^{-1}\delta\circ\pi^* = (\phi^{-1}\delta\circ p^*)\circ(\overline{\pi^*}\circ\gamma^{-1})$ est nulle, d'autre part qu'elle est surjective. Cela implique que le H^*V_k-module $\tau_{H^*_{V_1}X_{hV_k}}$ est trivial, ce qui est impossible car le H^*V_k-module $H^*_{V_1}X_{hV_k}$ est fini.

On propose d'appliquer le théorème 3.3.1.1 aux exemples de la sphère S^n et le produit de deux sphères $S^{n_1} \times S^{n_1}$.

3.3.2 Actions libres de $\mathbb{Z}_2^k$ sur la sphère S^n.

Théorème 3.3.2.1 *Le groupe $\mathbb{Z}_2^2$ n'opère pas librement sur la sphère S^n.*

Preuve.

La preuve du théorème découle du résultat suivant : Pour toute action libre de $\mathbb{Z}_2$ sur la sphère S^n, on a l'isomorphisme

$$H^*_{\mathbb{Z}_2}S^n \simeq H^*\mathbb{R}P^n$$

Comme $H^*S^n \simeq \mathbb{Z}_2 \oplus \mathbb{Z}_2 w^n$ avec $|w^n| = deg(w^n) = n$, alors la suite exacte courte de Gysin implique que :

- $\overline{H^*_{\mathbb{Z}_2}S^n} \simeq \mathbb{Z}_2.1$ avec 1 est le cocycle constant 1.
- $\tau_{H^*_{\mathbb{Z}_2}S^n} \simeq \mathbb{Z}_2 w^n$.

Cela fournit l'isomorphisme de $H^*\mathbb{Z}_2$-modules

$$H^*_{\mathbb{Z}_2}S^n \simeq \mathbb{Z}_2[x]_{\leq n}$$

Remarque 3.3.2.2 Comme conséquence de ce qui précède, on a : si f_1 et f_2 sont deux involutions de la sphère S^n qui commutent, et qui opèrent librement, alors $f_1 \circ f_2$ a en minimum un point fixe ce qui donne l'équivalence :

Deux involutions qui commutent et qui agissent librement sur la sphère S^n ont un point de coïncidence.

3.3.3 Actions libres de $\mathbb{Z}_2^k$ sur un produit de deux sphères $S^{n_1} \times S^{n_2}$.

Théorème 3.3.3.1 *Le groupe $\mathbb{Z}_2^3$ n'opère pas librement sur un produit de deux sphères.*

Preuve.

Supposons qu'on a une action libre du groupe $\mathbb{Z}_2^2$ sur $S^{n_1} \times S^{n_2}$, et montrons qu'elle ne se prolonge pas en une action libre de $\mathbb{Z}_2^3$. Pour cela, on aura besoin de la description de la cohomologie équivariante $H^*_{\mathbb{Z}_2^2}(S^{n_1} \times S^{n_2})$ en tant que $H^*\mathbb{Z}_2^2$-module.

Par conséquent, la démonstration se fera en deux étapes :

- **Le $H^*\mathbb{Z}_2$-module $H^*_{\mathbb{Z}_2}(S^{n_1} \times S^{n_2})$.**

Notons $H^*\mathbb{Z}_2 \simeq \mathbb{Z}_2[x_1]$.

On a l'isomorphisme de $H^*\mathbb{Z}_2$-modules gradués

$$H^*_{\mathbb{Z}_2}(S^{n_1} \times S^{n_2}) \simeq \mathbb{Z}_2[x_1]_{\leq k_0} u_0 \oplus \mathbb{Z}_2[x_1]_{\leq k_1} u_1$$

avec $k_1 \leq k_0$:

Rappelons que, par la formule de Künneth, on a

$$\begin{aligned} H^*(S^{n_1} \times S^{n_2}) &\simeq H^*S^{n_1} \otimes H^*S^{n_2} \\ &\simeq (\mathbb{Z}_2 \oplus \mathbb{Z}_2 w^{n_1}) \otimes (\mathbb{Z}_2 \oplus \mathbb{Z}_2 w^{n_2}) \\ &\simeq \mathbb{Z}_2 \oplus \mathbb{Z}_2 w^{n_1} \oplus \mathbb{Z}_2 w^{n_2} \oplus \mathbb{Z}_2.(w^{n_1} \smile w^{n_2}) \end{aligned}$$

En explicitant la suite exacte $G(\mathbb{Z}_2, S^{n_1} \times S^{n_2})$, on obtient les isomorphismes de $\mathbb{Z}_2$-espaces vectoriels

$$\begin{cases} \overline{H^*_{\mathbb{Z}_2}(S^{n_1} \times S^{n_2})} \simeq \mathbb{Z}_2^2 \cong < u_0, u_1 > \\ \tau_{H^*_{\mathbb{Z}_2}(S^{n_1} \times S^{n_2})} \simeq \mathbb{Z}_2^2 \cong < v_0, v_1 > \end{cases}$$

avec $v_i = x_1^{k_i}.u_i$, $i = 0, 1$, et u_0 est le cocycle constant 1.
L'homomorphisme de $H^*\mathbb{Z}_2$-modules gradués

$$\mathbb{Z}_2[x_1]_{\leq k_0} u_0 \oplus \mathbb{Z}_2[x_1]_{\leq k_1} u_1 \longrightarrow H^*_{\mathbb{Z}_2}(S^{n_1} \times S^{n_2}) \quad ; \quad P(x_1)u_0 \oplus Q(x_2)u_1 \mapsto P(x_1)u_0 \oplus Q(x_2)u_1$$

induit, d'après ce qui précède, un isomorphisme de $H^*\mathbb{Z}_2$-modules.
Par ailleurs, si l'on suppose que $k_0 < k_1$ (prenons par exemple $k_1 = k_0 + 1$), alors on a

$$\begin{aligned} 0 \neq x_1^{k_1}.u_1 &= x_1^{k_1}.(u_0 \smile u_1) \\ &= (x_1^{k_1}.u_0).u_1 \\ &= \Big(x_1(x_1^{k_0}.u_0) \Big).u_1 = 0 \end{aligned}$$

En outre, si $k = |u_1|$, alors on a

$$\{0, k_0, k, k + k_1\} = \{0, n_1, n_2, n_1 + n_2\}$$

car la suite $G(\mathbb{Z}_2, S^{n_1} \times S^{n_2})$ donne aussi l'isomorphisme de $\mathbb{Z}_2$-espaces vectoriels

$$H^*(S^{n_1} \times S^{n_2}) \simeq \{u_0, u_1\} \oplus \{v_0, v_1\}$$

• **Le $H^*\mathbb{Z}_2^2$-module $H^*_{\mathbb{Z}_2^2}(S^{n_1} \times S^{n_2})$.**

On a l'isomorphisme de $H^*\mathbb{Z}_2^2$-modules gradués

$$H^*_{\mathbb{Z}_2^2}(S^{n_1} \times S^{n_2}) \simeq H^*_{\mathbb{Z}_2} S^{n_1} \otimes H^*_{\mathbb{Z}_2} S^{n_2}$$

Ecrivons $H^*\mathbb{Z}_2^2 \cong \mathbb{Z}_2[x_1, x_2] \simeq \mathbb{Z}_2[x_1] \otimes \mathbb{Z}_2[x_2]$, et décomposons $\mathbb{Z}_2^2 \cong V_1 \oplus V_1'$ tel que $H^*V_1 \simeq \mathbb{Z}_2[x_1]$.
La suite exacte $G(\mathbb{Z}_2^2, S^{n_1} \times S^{n_2})$

$$0 \longrightarrow \overline{H^*_{V_1'}(S^{n_1} \times S^{n_2})_{hV_1}} \xrightarrow{p^*} H^*_{V_1}(S^{n_1} \times S^{n_2}) \xrightarrow{\phi^{-1}\delta} \tau_{H^*_{V_1'}(S^{n_1} \times S^{n_2})_{hV_1}} \longrightarrow 0$$

et l'isomorphisme de $H^*\mathbb{Z}_2$-modules gradués

$$H^*_{V_1}(S^{n_1} \times S^{n_2}) \simeq \mathbb{Z}_2[x_1]_{\leq k_0} u_0 \oplus \mathbb{Z}_2[x_1]_{\leq k_1} u_1$$

($k_1 \leq k_0$, $|u_0| = 0$ et $|u_1| = k$) fournissent les isomorphismes de $\mathbb{Z}_2[x_1]$-modules

$$\begin{cases} \overline{H^*_{V_1'}(S^{n_1} \times S^{n_2})_{hV_1}} \simeq \mathbb{Z}_2[x_1]_{\leq k_0} u_0 & (1) \\ \tau_{H^*_{V_1'}(S^{n_1} \times S^{n_2})_{hV_1}} \simeq \mathbb{Z}_2[x_1]_{\leq k_1} u_1 & (2) \end{cases}$$

L'isomorphisme (1) implique que

- $H^*_{\mathbb{Z}_2^2}(S^{n_1} \times S^{n_2})$ est un $\mathbb{Z}_2[x_1] \otimes \mathbb{Z}_2[x_2]$-module monogène engendré par u_0.
- $u_1 = x_2^k.u_0$ car $|u_1| = k$.

Mieux encore, on a $k_0 = k_1$ et (2) devient

$$\tau_{H^*_{V_1'}(S^{n_1} \times S^{n_2})_{hV_1}} \simeq x_2^k.\mathbb{Z}_2[x_1]_{\leq k_0} u_0$$

En effet, on rappelle que $\{0, k_0, k, k + k_1\} = \{0, n_1, n_2, n_1 + n_2\}$. Or $k_0 \neq n_1 + n_2$ car sinon on aurait $x_2.x_1^{k_0} u_0 = 0$ et $x_1^{k_0} u_0$ appartiendrait à $\tau_{H^*_{V_1'}(S^{n_1} \times S^{n_2})_{hV_1}}$, ce qui est absurde puisque

$$\tau_{H^*_{V_1'}(S^{n_1} \times S^{n_2})_{hV_1}} \cap \overline{H^*_{V_1'}(S^{n_1} \times S^{n_2})_{hV_1}} = \{0\}$$

On a alors $k + k_1 = n_1 + n_2$ et par suite $\{k_0, k\} = \{n_1, n_2\}$.

On vérifie que l'homomorphisme de $H^*\mathbb{Z}_2^2$-modules :

$$\mathbb{Z}_2[x_1]_{\leq k_0} \otimes \mathbb{Z}_2[x_2]_{\leq k_1} u_0 \longrightarrow H^*_{\mathbb{Z}_2^2}(S^{n_1} \times S^{n_2}) \quad ; \quad P(x_1) \otimes Q(x_2) u_0 \mapsto P(x_1) \otimes Q(x_2) u_0$$

est un isomorphisme.
Finalement, on a :

$$H^*_{\mathbb{Z}_2^2}(S^{n_1} \times S^{n_2}) \simeq \mathbb{Z}_2[x_1]_{\leq k_0} \otimes \mathbb{Z}_2[x_2]_{\leq k}$$

avec $\{k_0, k\} = \{n_1, n_2\}$.

Annexe A

Cup Produit Et Cross Produit.

A.1 Cup produit.

L'objet de ce paragraphe est de définir un produit

$$\smile : H^m(X;R) \times H^n(X;R) \longrightarrow H^{m+n}(X;R)$$

Soit a et b deux éléments de $C^m(X;R)$ et $C^n(X;R)$ respectivement, et $\sigma : \Delta^{m+n} \to X$ un simplexe singulier. Soit α_m et β_n les applications définies par

$$\alpha_m(v_0, v_1, \ldots, v_m) = (v_0, v_1, \ldots, v_m, 0, \ldots, 0)$$

$$\beta_n(v_m, v_{m+1}, \ldots, v_{m+n}) = (0, \ldots, 0, v_m, \ldots, v_{m+n})$$

On peut alors poser

$$a \smile b(\sigma) = a(\sigma \circ \alpha_m) \cdot b(\sigma \circ \beta_n)$$

C'est un produit de $C^m(X;R) \times C^n(X;R) \to C^{m+n}(X;R)$, appelé cup produit, qui est distributif pour la somme (il définit une application bilinéaire), associatif et ayant pour élément neutre le cocycle constant $1 \in C^0(X;R)$.

Propriétés.

- Ce produit vérifie l'identité

  $$\delta(a \smile b) = \delta a \smile b + (-1)^m a \smile \delta b$$

  Cela implique que le produit de deux cocycles est un cocycle et celui d'un cocycle φ et un cobord $\delta\psi$ est un cobord puisque

  $$\varphi \smile \delta\psi = \delta(\varphi \smile \psi) - (-1)^m \delta\varphi \smile \psi = \delta(\varphi \smile \psi)$$

  Par conséquent, on peut passer au quotient ce qui nous donne le produit cherché.

– Le produit induit en cohomologie vérifie $a \smile b = (-1)^{mn} b \smile a$.

Considérons une paire d'espaces (X, A), a un élément de $C^m(X, A\ ; R)$ (c.-à-d. a s'annule pour tout élément dans $C_m(A; R)$) et b un élément de $C^m(X; R)$. Il est alors clair que $a \smile b$ appartient à $C^{m+n}(X, A\ ; R)$ et on a le produit

$$H^m(X, A\ ; R) \times H^n(X; R) \xrightarrow{\smile} H^{m+n}(X, A\ ; R)$$

De façon plus générale, si A et B sont des ouverts de $A \cup B$, on peut définir le cup produit

$$H^m(X, A\ ; R) \times H^n(X, B\ ; R) \to H^{m+n}(X, A \cup B\ ; R)$$

Remarques A.1.1

1. Ce produit permet de munir le groupe abélien $H^*(X, A\ ; R) = \oplus_{i \geq 0} H^i(X, A\ ; R)$ (A peut être vide) d'une structure d'anneau gradué.
2. Si f est une application continue de (X, A) dans (Y, B), alors l'application $f^* : H^{n+m}(Y, B; R) \to H^{n+m}(X, A\ ; R)$ vérifie
$$f^*(\alpha \smile \beta) = f^*(\alpha) \smile f^*(\beta)$$
et c'est donc un homomorphisme d'anneaux gradués.

A.2 Cross produit.

Définition A.2.1

Le cross produit est l'application

$$\times : H^m(X; R) \times H^n(Y; R) \to H^{m+n}(X \times Y\ ; R)$$

qui (a, b) associe $a \times b = p_1^*(a) \smile p_2^*(b)$.
Généralement, si A et B sont des ouverts de X et Y respectivement, et si

$$p_1 : (X \times Y, A \times Y) \to (X, A) \quad , \quad p_2 : (X \times Y, X \times B) \to (Y, B)$$

sont les projections, alors le cross produit $a \times b$ est

$$a \times b = p_1^*(a) \smile p_2^*(b) \in H^{m+n}(X \times Y, (A \times Y) \cup (X \times B)\ ; R)$$

car $(X, A) \times (Y, B) = (X \times Y, A \times Y \cup X \times B)$.

Remarque A.2.2

Dans le cas où $Y = X$, on a $d^*(a \times b) = a \smile b$, avec d est l'application diagonale de X dans $X \times X$.

Le cup produit est distributif, il en résulte que le cross produit est une application bilinéaire de $H^*(X\,;R)\times H^*(Y\,;R)$ dans $H^*(X\times Y\,;R)$, ce qui donne un homomorphisme de groupes

$$\times : H^*(X\,;R)\otimes_R H^*(Y\,;R)\to H^*(X\times Y\,;R)\quad ;\quad a\otimes b\mapsto a\times b$$

Cette application est encore appelée cross produit.

Remarquons que, dans l'anneau $H^*(X\times Y\,;R)$, la multiplication (cup produit), envoie deux éléments de la forme $a\times b$ et $c\times d$ sur $a\times b\smile c\times d$. Or

$$\begin{aligned} a\times b\smile c\times d &= p_1^*(a)\smile p_2^*(b)\smile p_1^*(c)\smile p_2^*(d)\\ &= (-1)^{|b||c|}p_1^*(a)\smile p_1^*(c)\smile p_2^*(b)\smile p_2^*(d)\\ &= (-1)^{|b||c|}p_1^*(a\smile c)\smile p_2^*(b\smile d)\\ &= (-1)^{|b||c|}(a\smile c)\times(b\smile d)\end{aligned}$$

En posant une multiplication dans $H^*(X\,;R)\otimes_R H^*(Y\,;R)$ par

$$(a\otimes b)(c\otimes d)=(-1)^{|b||c|}a\smile c\otimes b\smile b$$

le cross produit

$$H^*(X\,;R)\otimes_R H^*(Y\,;R)\longrightarrow H^*(X\times Y\,;R)$$

envoie alors $(a\otimes b)(c\otimes d)$ sur $a\times b\smile c\times d$ et définit clairement un homomorphisme d'anneaux gradués.

Mieux encore, on a le théorème

Théorème A.2.3 *Soit (X,A) et (Y,B) deux CW-paires tels que , pour tout k, $H^k(Y,B\,;R)$ est un module libre finiment engendré sur R. L'application*

$$\times : H^*(X,A\,;R)\otimes_R H^*(Y,B\,;R)\longrightarrow H^*(X\times Y, A\times Y\cup X\times B\,;R)$$

est alors un isomorphisme.

C'est une conséquence de la formule de Künneth en cohomologie

$$H^n(X\times Y, A\times Y\cup X\times B\,;R))\simeq\sum_{p+q=n}H^p(X,A\,;R)\otimes_R H^q(Y,B\,;R)$$

$$\oplus\sum_{p+q=n+1}Tor(H^p(X,A\,;R),H^q(Y,B\,;R))$$

puisque dans notre cas, $Tor(H^p(X,A\,;R),H^q(Y,B\,;R))=0$ pour tous p et q.

Exemples A.2.4

i. Le théorème précédent affirme que $H^*(\mathbb{R}P^\infty \times \mathbb{R}P^\infty; \mathbb{Z}_2)$ et $H^*(\mathbb{R}P^\infty; \mathbb{Z}_2) \otimes H^*(\mathbb{R}P^\infty; \mathbb{Z}_2)$ sont isomorphes, et donc

$$H^*(\mathbb{R}P^\infty \times \mathbb{R}P^\infty; \mathbb{Z}_2) = \mathbb{Z}_2[a_1] \otimes \mathbb{Z}_2[a_2] = \mathbb{Z}_2[a_1, a_2]$$

2i. D'après la section précédente, $(\mathbb{R}^n, \mathbb{R}^n_0; \mathbb{Z}) = (\mathbb{R}, \mathbb{R}_0; \mathbb{Z}) \times (\mathbb{R}, \mathbb{R}_0; \mathbb{Z}) \times \cdots \times (\mathbb{R}, \mathbb{R}_0; \mathbb{Z})$.
Soit $e \in H^1(\mathbb{R}, \mathbb{R}_0; \mathbb{Z})$ qui correspond à $1 \in H^0(\mathbb{R}_+; \mathbb{Z})$ par les isomorphismes

$$1 \in H^0(\mathbb{R}_+; \mathbb{Z}) \longleftarrow H^0(\mathbb{R}_0, \mathbb{R}_-; \mathbb{Z}) \xrightarrow{\delta} H^1(\mathbb{R}, \mathbb{R}_0; \mathbb{Z})$$

où le premier isomorphisme est donné par l'excision et le second correspond à l'homomorphisme de cobord de la suite exacte du triplet $(\mathbb{R}, \mathbb{R}_0, \mathbb{R}_-; \mathbb{Z})$.

En appliquant le théorème $A.2.3$, on obtient que si e^n est le générateur de $H^n(\mathbb{R}^n, \mathbb{R}^n_0; \mathbb{Z})$ $(= H^{n-1}(S^{n-1}; \mathbb{Z}))$, le cross produit envoie alors $e \times e \times \cdots \times e$ sur e^n.

Conséquence. Comme

$$(\mathbb{R}^{m+n}, \mathbb{R}^{m+n}_0) = (\mathbb{R}^m, \mathbb{R}^m_0) \times (\mathbb{R}^n, \mathbb{R}^n_0)$$

alors l'isomorphisme

$$H^m(\mathbb{R}^m, \mathbb{R}^m_0) \otimes_{\mathbb{Z}} H^n(\mathbb{R}^n, \mathbb{R}^n_0; \mathbb{Z}) \xrightarrow{\times} H^{m+n}(\mathbb{R}^{m+n}, \mathbb{R}^{m+n}_0; \mathbb{Z})$$

envoie $e^m \otimes e^n$ sur e^{m+n}. Par conséquent, $e^{m+n} = e^m \times e^n$.

Annexe B

Rappel d'algèbre linéaire.

Soit E un $\mathbb{R}$-espace vectoriel de dimension finie.

Théorème B.0.5 *Soit A et B deux endomorphismes diagonalisables de E. Si A et B commutent, alors ils sont diagonalisables dans une même base.*

Preuve.

L'espace E est la somme directe des sous-espaces propres

$$E = \oplus_\lambda E_\lambda$$

avec $E_\lambda = ker(\lambda I - A)$ est le sous-espace propre associé à la valeur propre λ, donc $A_{|E_\lambda} = \lambda I$. Comme A et B commutent, on a $B(E_\lambda) \subset E_\lambda$ et B induit un endomorphisme B_λ de E_λ qui est diagonalisable. Le résultat est immédiat en tenant compte que $A_{|E_\lambda} = \lambda I$.

Remarque B.0.6 Cela va de soi que la proposition est valable pour un nombre fini d'endomorphismes vérifiant ces hypothèses.

Théorème B.0.7 *Soit $G = \langle A_1, A_2, \dots, A_n \rangle$ un groupe de symétries de E ($A_i^2 = I$) qui commutent deux à deux. Alors il existe un vecteur v qui est fixé par plus que la moitié des A_i, $0 \leq i \leq n$.*

Preuve.

D'après la proposition précédente, il existe une base dans laquelle tous les A_i sont diagonalisables. Soit v un vecteur de cette base. On a

$$A_i v = v \text{ ou bien } A_i v = -v$$

pour tout $0 \leq i \leq n$. Soit I l'ensemble des i dans $\{1, 2, \ldots, n\}$ tels que $A_i v = -v$. Pour tous h, k dans I on a

$$A_h.A_k v = v$$

Si $p = card(I)$, alors le nombre d'endomorphismes qui fixent v est supérieur ou égal à $C_p^2 + 1 = \frac{p(p-1)}{2} + 1 = p$. Par conséquent, on a forcément $p = \lfloor \frac{n}{2} \rfloor$ et le résultat en découle.

Bibliographie

[A] M.F.ATIYAH : K-theory, W.A.Benjamin inc, 1964.

[B] G.E.BREDON : Equivariant cohomology theories, lecture notes in mathematics, 34, Springer-Verlag, 1967.

[CF] P.E.CONNER, E.E.FLOYD : Differentiable periodic maps, Academic Press Inc, Springer-Verlag 1964.

[Da] M.DAMMAK, F.GRAZZINI, S.ZARATI : Actions libres d'un 2-groupe abélien élémentaire sur un produit fini de sphères, centre de recerca matemàtica, 2001.

[Do2] B.DOUBROVINE, S.NOVIKOV, A.FOMENKO : Géométrie contemporaine, méthodes et applications, 2e partie, Edition Mir, Moscou.

[Do3] B.DOUBROVINE, S.NOVIKOV, A.FOMENKO : Géométrie contemporaine, méthodes et applications, 3e partie, Edition Mir, Moscou.

[Ha] A.HATCHER : Vector bundles and K-theory, version 2.0 January 2003, http ://www.math.cornell.edu/hatcher/VBKT/V.B/pdf.

[Hu] D.HUSEMOLLER : Fibre bundles, McGraw-Hill, series in higher mathematics, 1966.

[La] S.LANG : Introduction aux variétés différentiables, Dunod, 1967.

[Ma] J.P.MAY : Equivariant homotopy and cohomology theory, American Mathematical Society, **91**.

[Mi] J.MILNOR, JAMES STASHEFF : Characteristic classes, Prinston university press and university of tokyo press, New Jersey, 1974.

[Mo] D.MONTGOMERY, L.ZIPPING : Topological transformation groups, John Wiley and Sons, inc, 1955.

[On] B.O'NEILL : Semi-riemannian geometry with applications to relativity, Academic press, 1983.

[Os] H.OSBORN : Vector bundles, vol 1, Academic press, 1982.

[Ste] N.STEENROD : The topology of fiber bundles, Prinston university press, 1951.

[Sto] R.E.STONG : Notes on cobordism theory, Princeton university press and university of Tokyo Press, 1968.

www.ingramcontent.com/pod-product-compliance
Lightning Source LLC
Chambersburg PA
CBHW021605210326
41599CB00010B/604
* 9 7 8 3 8 4 1 7 4 4 4 3 2 *